WIEN IM JAHRE 1873.

Maßstab:
4 Mètres = 5 Schritte.

Zeichenerklärung.

- Einfahrt des Allerhöchsten Hofes.
- Bureaux der Ausstellungs-Commission.
- Bezeichnung der Gebäude.
- Gedeckte Gänge und Wachhäuser.
- Eingänge für das Publikum.
- Toilettes, Water-closets.
- Telegrafen-Pavillons für In- und Ausland.
- K. k. Tabaktrafiken im Volksprater.

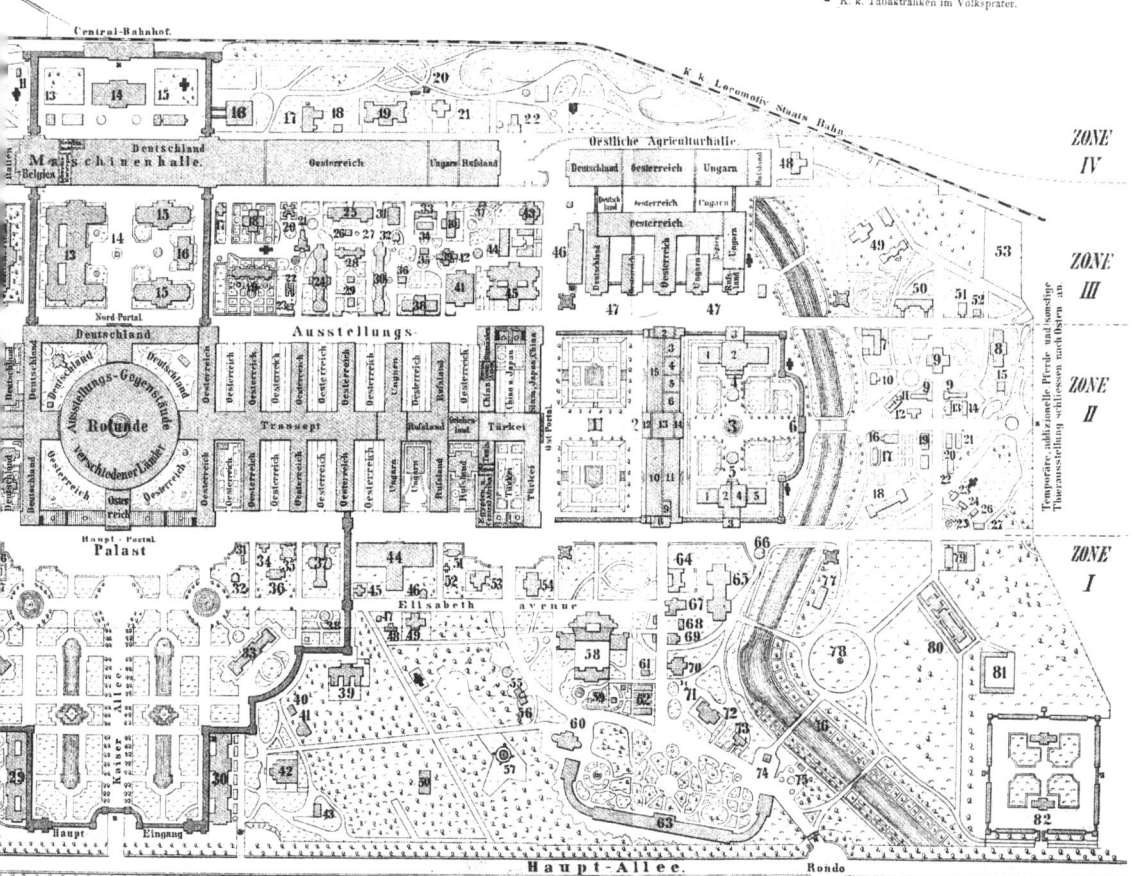

PORR UND DIE WIENER WELTAUSSTELLUNG 1873

Als die Wiener Weltausstellung am 1. Mai 1873 von Kaiser Franz Joseph in der Rotunde eröffnet wurde, konnte die 1869 gegründete Allgemeine österreichische Baugesellschaft, die heutige Allgemeine Baugesellschaft – A. Porr Aktiengesellschaft, bereits mit Stolz auf einige von ihr errichtete Bauten in Wien verweisen. Schon in ihrem Gründungsjahr begann PORR mit dem Bau von 28 Wohn- und Geschäftshäusern am Kai und der Ringstraße und in Oberösterreich und Böhmen begann der Bau der Eisenbahn von Linz nach Budweis.

Die Entscheidung, die Weltausstellung des Jahres 1873 in Wien abzuhalten, löste natürlich eine rege Bautätigkeit aus. So wurden viele Hotels errichtet; zu ihnen zählt das Hotel Britannia am Schillerplatz, das die heutige PORR AG ebenso gebaut hat wie am Beginn der Praterstraße das Hotel „Goldenes Lamm" (nach dessen Zerstörung im 2. Weltkrieg PORR an der selben Stelle das Bürohaus der Bundesländer-Versicherung baute) oder das – ebenfalls im Krieg zerstörte – Hotel Donau mit dem Römischen Bad beim Nordbahnhof.

Auch auf dem Weltausstellungsgelände selbst hat PORR einige Bauten errichtet, so den im vorliegenden Band von Jutta Pemsel erwähnten Palast des Vizekönigs Ismail Pascha von Ägypten[1] oder den Pavillon der „Neuen Freien Presse"[2]. Zu den übrigen von PORR errichteten Bauten zählen die Pavillons der Vordernberg-Köflacher Montan-Industrie, des Kärntner Hüttenberger Montan-Vereins, der Ersten Österreichischen Spar-Casse und der Perlmooser Cement-Actien Gesellschaft. Insgesamt hat PORR neun Bauten auf dem Ausstellungsgelände errichtet.

Heute, rund vier Generationen später, steht Wien neuerlich vor einer Weltausstellung, die das Stadtbild ebenso prägen wird, wie das Ausstellungsgelände des Jahres 1873 die Gegend des Praters für Jahrzehnte geprägt hat. Für die bevorstehende Weltausstellung im Jahr 1995 wird nicht nur das Ausstellungsgelände selbst zu errichten

Pavillon der Ersten Österreichischen Spar-Casse

Pavillon der „Neuen Freien Presse"

Das „Römische Bad" in der Leopoldstadt

sein; auch viele andere Bauten und Infrastruktureinrichtungen müssen geplant und gebaut werden. Dies ist eine gewaltige Herausforderung nicht nur für Stadtplaner und Architekten — auch die Bauunternehmen Österreichs werden sich gewaltigen Aufgaben gegenüber sehen. Die PORR AG, die bereits große Bauaufgaben im Zusammenhang mit der ersten Wiener Weltausstellung bewältigt hat, ist für diese Aufgaben gerüstet.

Unseren Auftraggebern und Geschäftsfreunden widmen wir den vorliegenden Band von Jutta Pemsel über die Wiener Weltausstellung von 1873.

Allgemeine Baugesellschaft — A. Porr
Aktiengesellschaft

[1]) siehe Seite 48 f, Abb. 30 und 39
[2]) siehe Abb. 14

Jutta Pemsel

DIE WIENER WELTAUSSTELLUNG VON 1873

Das gründerzeitliche Wien am Wendepunkt

BÖHLAU VERLAG WIEN · KÖLN

Gedruckt mit Unterstützung durch
den Fonds zur Förderung der wissenschaftlichen Forschung

CIP-Titelaufnahme der Deutschen Bibliothek
Pemsel, Jutta:
Die Wiener Weltausstellung von 1873: das gründerzeitliche
Wien am Wendepunkt / Jutta Pemsel. — Wien ; Köln : Böhlau, 1989
ISBN 3-205-05247-1
NE: Weltausstellung ‹1873, Wien›

ISBN 3-205-05247-1

Das Werk ist urheberrechtlich geschützt.
Die dadurch begründeten Rechte, insbesondere die der Übersetzung,
des Nachdruckes, der Entnahme von Abbildungen,
der Funksendung, der Wiedergabe auf photomechanischem
oder ähnlichem Wege und der Speicherung in Datenver-
arbeitungsanlagen, bleiben auch bei nur auszugsweiser
Verwertung, vorbehalten.

© 1989 by Böhlau Verlag Gesellschaft m.b.H. und Co.KG.,
Wien · Köln

Satz: Raggl Supertype GmbH.
Druck: Novographic, 1238 Wien

Inhalt

Vorwort von Erich Zöllner 7

1. Einleitung 9

2. Geschichte der Weltausstellungen 11

3. Vorbereitungen 15
       a. Motivation und Planung 15
       b. Finanzen und Organisation 20
       c. Wien bereitet sich vor 25
       d. Der „neue" Prater 34
       e. Ein architektonischer Exkurs 39

4. Großereignis Weltausstellung 41
       a. Eröffnung und Besucher 41
       b. Ausstellerländer 44
       c. Gang durch die Ausstellung 51

5. Kulturelle Aspekte 65
       a. Kunsthandwerk 65
       b. Bildende Künste 67
       c. Wohnkultur 69
       d. Bildung 71

6. Nachlese 75
       a. Wirtschaftliche Folgen 75
       b. Börsenkrach und Cholera 77
       c. Die Ausstellung als politisches Spielfeld 80
       d. Wien feiert 83
       e. Auswirkungen auf die Stadt 85

7. Pressestimmen 92

8. Zusammenfassung 96

Abkürzungsverzeichnis 100

Anmerkungen 101

I. *Quellenverzeichnis* 115
II. *Literatur* 122
III. *Abbildungsnachweis* 131
IV. *Namen- und Firmenregister* 132

Vorwort

Am 1. Mai 1873 wurde in Wien eine Weltausstellung eröffnet, die als kulturelles und gesellschaftliches Projekt größten Ausmaßes geplant worden war; die Reichshaupt- und Residenzstadt sollte einem internationalen Besucherstrom in wirtschaftlicher Hochblüte präsentiert werden. Eine Woche später aber gab es am „schwarzen Freitag" den „Börsenkrach"; im Hochsommer folgte eine Choleraepidemie. Die finanzielle Gesamtbilanz war negativ; dennoch brachte die Ausstellung dem Wien der Gründerzeit eine Mehrung seiner Geltung bis weit jenseits der Grenzen des Habsburgerreiches. Mit Recht hatte man dem geistigen Schaffen, künstlerischen Leistungen sowie Erziehung und Unterricht in der Ausstellungskonzeption entsprechende Aufmerksamkeit gewidmet. Die Ausführungen von Jutta Pemsel geben in sorgfältiger Auswertung eines umfangreichen Quellenmaterials ein plastisches, aufschlußreiches Bild von Vorbereitung, Ablauf und Folgewirkungen der ersten Wiener Weltausstellung.

In unserer Gegenwart planen Wien und Budapest die gemeinsame Abhaltung einer Weltausstellung 1995; Grenzen verschiedener Gesellschaftssysteme sollen überbrückt werden. Man diskutiert Präsentationsvarianten und ähnlich wie vor 1873 die weitere Nutzung des Ausstellungsgeländes der „Expo 95"; so geht man auf Ideensuche und veranstaltet einen Projektwettbewerb.

Der vorliegende Band verbindet also Fakten und Probleme der Vergangenheit mit Zukunftsplänen, vermittelt aber vor allem wertvolle Einblicke in den Wirtschafts- und Kulturoptimismus, in die ambitionierten Initiativen der Wiener Gründerjahre, deren Erfolge und Fehlschläge.

Erich Zöllner

1. EINLEITUNG

Weltausstellungen waren in der zweiten Hälfte des 19. Jahrhunderts wirtschaftliche und kulturelle Großereignisse, die in Abständen von fünf Jahren die aktuellsten Strömungen der Epoche dokumentierten. Die Ausstellungen sollten, nach den Worten des Initiators der ersten Weltausstellung 1851 in London, Prinz Albert von Sachsen-Coburg, „ein treues Zeugnis und lebendiges Bild von demjenigen Standpunkte der Entwicklung, zu welchem die Menschheit gelangt ist", geben.[1]

Diese Gesamtschau der Kultur war Ausdruck einer noch vom uneingeschränkten Glauben an Technik und Fortschritt geprägten bürgerlichen Gesellschaft. Sie entsprang dem mit zunehmender Industrialisierung steigenden Bedürfnis nach intensiverem Informations- und Erfahrungsaustausch auf technischem, wirtschaftlichem, wissenschaftlichem und kulturellem Gebiet. Konkurrenzdenken, eine explosionsartig zunehmende Warenvielfalt, eine erhöhte Mobilität der Menschen infolge der Verdichtung des Verkehrsnetzes und das Prinzip des Freihandels trugen wesentlich zur Entstehung und zum Erfolg der Weltausstellungen bei.

Der sich in der zweiten Hälfte des 19. Jahrhunderts immer rascher vollziehende politische, wirtschaftliche und gesellschaftliche Aufstieg des Bürgertums ließ die Expositionen auch zu einem Symbol des bürgerlichen Kultur- und Bildungsbewußtseins werden. In gleichsam enzyklopädischer Form zog man kulturhistorische Bilanz. Bereits 1853 wurden die Weltausstellungen als „Gradmesser unserer Gesamtkultur, unserer Fortschritte im äußeren Erscheinungsbild" treffend charakterisiert.[2]

Selbstverständlich standen die kulturellen und wirtschaftlichen „Monsterschauen" auch im Dienst ideologischer, nationaler und politischer Ziele. Neben der Präsentation von politischer Macht und wirtschaftlicher Stärke boten sie Gelegenheit zu Fürstenbesuchen, Jubiläumsfeiern und politischer Propaganda.

Die Wiener Weltausstellung des Jahres 1873, die die fünfte insgesamt und die erste im deutschsprachigen Raum war, zeigt die k. u. k. Reichshaupt- und Residenzstadt Wien und die Monarchie auf dem Höhepunkt der liberalen Ära der Gründerzeit. In ihrer Wechselwirkung mit dem Börsenkrach sollte sie den Zusammenbruch des bis dahin vorherrschenden Wirtschaftsoptimismus und ein Umkippen der Hochstimmung der Gründerjahre nach sich ziehen.

Seit dem Ausgleich mit Ungarn und der „Wunderernte" von 1867 hatte die Monarchie einen bis dahin ungekannten wirtschaftlichen Aufschwung erlebt, der sich in einer enormen Bautätigkeit — allem voran dem Ausbau Wiens — ausdrückte. Diese Entwicklung wurde wesentlich von dem vorwärtsdrängenden und tonangebenden Wirtschafts- und Bildungsbürgertum getragen.[3] Die Abhaltung einer internationalen

Exposition erschien als geeignetste Form, der Welt ein kulturell bedeutendes und —nach den militärischen Niederlagen von 1859 und 1866 gegen Italien und Preußen — politisch und wirtschaftlich wiedererstarktes Österreich zu präsentieren.

Obwohl das Zusammentreffen des Börsenkrachs mit dem Ausbruch der Cholera im Jahr 1873 die positiven Auswirkungen der Weltausstellung überschattete, muß diese dennoch als eine gelungene kulturelle und wirtschaftliche Unternehmung für Wien und die Donaumonarchie gewertet werden. Der für die Ausstellung im Prater errichtete Monumentalbau der Rotunde wurde zum Wahrzeichen der Stadt. In das Jahr 1873 fiel auch das fünfundzwanzigjährige Regierungsjubiläum Kaiser Franz Josephs, der die Weltausstellung unter seinen persönlichen Schutz stellte.

Die Geschichte der internationalen Expositionen hat bislang noch keine eingehende und umfassende Darstellung gefunden. Dies liegt vor allem an der Komplexität des Themas, seinem interdisziplinären Charakter sowie der schwierigen Quellenlage.[4] Die vorliegende Arbeit wird daher versuchen, der Entwicklungsgeschichte und dem Verlauf der Weltausstellung von 1873 nachzugehen sowie deren Folgen und Bedeutung für das gründerzeitliche Wien darzustellen.

2. GESCHICHTE DER WELTAUSSTELLUNGEN

Die spezifische Form der Weltausstellung entwickelte sich aus jenen Industrie- und Gewerbeausstellungen, die das Aufkommen privater gewerbefördernder Institutionen in der zweiten Hälfte des 18. Jahrhunderts begleiteten, wobei Frankreich und Großbritannien eine wesentliche Vorreiterrolle einnahmen.[5]

Diese ursprünglich aus den Warenmessen und Märkten des Mittelalters sowie aus den Kunstausstellungen des 18. Jahrhunderts hervorgegangenen regionalen, nationalen und internationalen Fach- und Universalausstellungen verdankten ihre Entstehung großteils den gemeinnützigen „patriotischen Gesellschaften". Als erste Institution dieser Art entstand 1754 in London die „Society for Encouragement of Arts, Manufactures and Commerce", später auch „Society of Arts" genannt. Ihre Aufgabe, nämlich die Förderung des Informationsaustausches von Gewerbe, Handwerk und Kunst, nahm sie in größerem Ausmaß erstmals mit der Abhaltung der Industrieausstellung von 1761 in London wahr.

Schon 1764 folgte in Frankreich die Gründung der „Société d'Encouragement de l'industrie nationale" und ein Jahr später in Hamburg die der „Gesellschaft zur Beförderung der Künste und nützlichen Gewerbe", Vorbild für weitere ähnliche Gesellschaften in Deutschland.[6] Österreich zog 1767 mit der „k.k. patriotisch-ökonomischen Gesellschaft" in Prag zur Förderung der Landwirtschaft nach.[7] Die erste Gewerbeausstellung der Monarchie für Böhmen und Österreich wurde 1791 in Prag aus Anlaß der Krönung Kaiser Leopolds II. zum König von Böhmen veranstaltet.

Sieht man von diesen und anderen Vorläufern in Genf (1789) und Hamburg (1790) ab, so kann die 1798 abgehaltene französische Nationalausstellung in Paris als erste moderne, für die Entwicklung des Ausstellungswesens richtungweisende Industrieausstellung angesehen werden. Im Gegensatz zu den „aufklärenden und belehrenden" Ausstellungen des 18. Jahrhunderts wurde hier erstmals die Reklame zur Förderung des Absatzes gezielt eingesetzt. Die französische Nationalausstellung zeigte auch schon — etwa durch die Veranstaltung von Bällen — jene gesellschaftlich-zeremonielle Funktion, die dann für die Weltausstellungen insgesamt symptomatisch wurde. Weiters stellten die Einsetzung einer Jury, die Herausgabe eines Kataloges und die Verleihung von Auszeichnungen in Form von Gold-, Silber- und Bronzemedaillen wesentliche Merkmale einer modernen Gewerbe- und Industrieausstellung dar.[8]

Diese Entwicklungstendenzen setzten sich nach dem Ende der napoleonischen Ära 1815 fort. Die 1819 veranstaltete französische Nationalausstellung bezeugte die Verselbständigung dieser Einrichtung als kulturelle Ausdrucksform der bürgerlichen Gesellschaft. Von 1789 bis 1849 fanden in Frankreich elf größere Gewerbe- und

Industrieausstellungen statt, die beispielgebend für regionale Landesausstellungen, vor allem in Deutschland und im übrigen Europa, wurden.[9]

Von allen auf deutschem Gebiet abgehaltenen Ausstellungen der ersten Hälfte des 19. Jahrhunderts kennzeichnete die 1844 in Berlin als „patriotisches Unternehmen" veranstaltete „Allgemeine Ausstellung deutscher Gewerbserzeugnisse" einen weder davor noch danach erreichten Höhepunkt hinsichtlich der Zahl der Aussteller und der Qualität des Ausgestellten.[10] Als erste umfassende Darstellung der Industrie und Wirtschaft des Deutschen Zollvereins und Österreichs gab sie ein eindrucksvolles Bild des technisch-industriellen Fortschritts und trug so wesentlich zur Stärkung des deutschen Nationalbewußtseins bei.

In den dreißiger und vierziger Jahren des 19. Jahrhunderts lösten halbamtliche Handels- und Gewerbevereine als staatlich anerkannte und geförderte Vertretungskörper der aufsteigenden Wirtschafts- und Industriekreise die „patriotischen Gesellschaften" des 18. Jahrhunderts ab. Diese übernahmen in der Folge die Organisation von Gewerbe- und Industrieausstellungen, später von internationalen Expositionen. In Österreich wurde der 1839 zur „Aufmunterung und Beförderung der gesamten Gewerbebetriebsamkeit" gegründete Niederösterreichische Gewerbeverein zum entschiedenen Befürworter der Wiener Weltausstellung.[11]

Bereits in den frühen dreißiger Jahren tauchten die ersten Gedanken für eine Ausweitung des Ausstellungswesens auf internationaler Ebene auf.[12] Obwohl auch Frankreich Vorschläge ausarbeitete, gelang es England als erster Nation, eine solche Ausstellung abzuhalten. Dies wird umso besser verständlich, wenn man die technologische Überlegenheit, die expandierende Industrie, die Suprematie zur See und vor allem die erstmalige Einführung des Freihandelsprinzips in Europa – durch die Aufhebung der Kornzölle (1846) sowie der 1651 erlassenen Navigationsakte (1849) – und die damit verbundene Möglichkeit eines internationalen Güteraustausches in großem Stil berücksichtigt. So setzte England mit der „Great Exhibition of the works of industry of all nations" 1851 in London den Beginn für eine neue, auf staatliche und nationale Ebene verlagerte Form der Ausstellung, deren Ausmaße und Konsequenzen weit über das Bisherige hinausragten.

Die Tätigkeit der „Society of Arts" sowie das persönliche Engagement des Gemahls von Königin Viktoria, Prinz Albert von Sachsen-Coburg, gaben den entscheidenden Ausschlag für das Zustandekommen der ersten Weltausstellung. Zur Finanzierung und Organisation wurde 1849 die „Royal Commission" ins Leben gerufen, an deren Spitze Prinz Albert stand. In seiner Eröffnungsrede zur ersten Sitzung der Kommission umriß er Bedeutung und Inhalt der künftigen Weltausstellungen:

Die Ausstellung des Jahres 1851 soll uns ein treues Zeugnis und lebendiges Bild von demjenigen Standpunkte der Entwicklung, zu welchem die Menschheit gelangt ist, und einen neuen Höhepunkt geben, von welchem aus alle Völker ihre ferneren Bestrebungen in gewisse Richtungen zu bringen vermögen.[13]

Am 1. Mai 1851 wurde die „Great Exhibition of the works of industry of all nations" durch Königin Viktoria in dem von Sir Joseph Paxton entworfenen Kristallpalast eröffnet. Das wegen seiner Eisen- und Glas-Konstruktion berühmte und für die Geschichte der Industriearchitektur richtungweisende Ausstellungsgebäude war in dem vom Staat kostenlos zur Verfügung gestellten Hyde Park errichtet worden. Später wurde es abgetragen und 1854 in Sydenham wiederaufgebaut, wo es erst 1936 abbrannte.

Das Ausstellungsprogramm umfaßte hauptsächlich Rohstoffe, Maschinen sowie industrielle und gewerbliche Erzeugnisse. 13.668 Aussteller aus 23 Ländern nahmen teil, wobei das Britische Empire die Hälfte der Exposition alleine bestritt.

Der überraschend große Erfolg der ersten Weltausstellung, die auch einen finanziellen Gewinn brachte, war eine der Hauptursachen für den daraufhin einsetzenden Weltausstellungsboom. In etwa fünfjährigen Abständen folgten bis zur Jahrhundertwende neun Weltausstellungen: 1855 Paris, 1862 London, 1867 Paris, 1873 Wien, 1876 Philadelphia, 1878 Paris, 1889 Paris, 1893 Chikago und 1900 Paris.[14] Das Überwiegen der Pariser gegenüber den Londoner Weltausstellungen erklärt sich aus der grundsätzlich unterschiedlichen Motivation für die Veranstaltung derartiger Unternehmungen in diesen Ländern. Während in England wirtschaftliche Überlegungen maßgebend waren, stand in Frankreich die staatliche Repräsentation im Vordergrund. Nach dem finanziellen Mißerfolg der zweiten Londoner Weltausstellung 1862 ging England konsequenterweise zur Veranstaltung internationaler Fachausstellungen über, während Paris zur Weltausstellungsstadt aufstieg.

Die erste französische Weltausstellung in Paris 1855 diente weniger als industrielle und gewerbliche Leistungsschau denn als triumphale Demonstration des Zweiten Kaiserreiches für Frieden und Fortschritt am Beginn einer neuen Entwicklung. Der Versuch Napoleons III., die erst seit dem Staatsstreich von 1851 gewonnene Macht durch das übereilte Abhalten einer Weltausstellung darzustellen, wurde allerdings durch den Krimkrieg (1854–1856) beeinträchtigt. Das kriegführende Rußland blieb gänzlich aus. Für die vom Staat finanzierte Ausstellung wurden erstmals Eintrittsgelder von den Besuchern verlangt, wodurch jedoch das finanzielle Defizit nicht vermieden werden konnte. Politische Bedeutung hatte der Besuch Königin Viktorias und Prinz Alberts von Sachsen-Coburg in Paris, der die englisch-französischen Beziehungen verbessern sollte.[15]

Der Erfolg der zweiten Londoner Weltausstellung von 1862 litt unter dem Tod von Prinz Albert von Sachsen-Coburg 1861 und unter der anhaltend schlechten Witterung. Dennoch beteiligten sich 22.000 Aussteller aus 28 Ländern.[16]

Dagegen war die zweite Weltausstellung in Paris von 1867 ein voller Erfolg. Am Höhepunkt seiner Macht veranstaltete Napoleon III. nicht nur eine Ausstellung, sondern auch ein internationales Fest, das Paris „zum Mittelpunkt der Weltlust" werden ließ.[17] Sogar Kaiser Franz Joseph besuchte die französische Metropole, obwohl die

Beziehungen zu Frankreich seit der Erschießung seines jüngeren Bruders, Erzherzog Ferdinand Maximilian, als Kaiser von Mexiko am 19. Juni des Ausstellungsjahres äußerst gespannt waren. Vor allem aber beeindruckten die Besucher das erstmalige Auftreten der Länder des Fernen Ostens und die Erweiterung des Ausstellungsprogrammes auf historische und kulturelle Themen. Die Exposition brachte sowohl einen finanziellen Gewinn als auch den erhofften Prestigeerfolg für das Zweite Kaiserreich Napoleons III.[18]

Die Geschichte der Weltausstellungen hatte damit seit 1851 einen zweiten Höhepunkt erreicht. Das Anschwellen der internationalen Expositionen zu repräsentativen, kulturellen Monsterschauen kennzeichnete seit 1867 deren weitere Entwicklung. Das Zurücktreten rein technisch-wirtschaftlicher Interessen bei der Veranstaltung von Weltausstellungen führte in weiterer Folge zur Abhaltung zahlreicher internationaler Fachmessen, die die ursprünglichen Aufgaben des ökonomischen Informationsaustausches übernahmen.

Da Planung und Koordination der Weltausstellungen lediglich den Bestrebungen der Länder, Städte und Interessengruppen überlassen waren, wurden Terminfrage und Reihenfolge zu einem Produkt des Zufalls. Das daraus entstehende Konkurrenzdenken und die Angst vor gleichzeitigen Veranstaltungen zogen vielfach übereilte und unausgereifte Unternehmungen nach sich.

Die allgemeine Forderung nach einer ständigen, internationalen Kommission zur Überprüfung neuer Ausstellungsprojekte führte zur Gründung der Pariser „Gesellschaft zur Förderung internationaler Ausstellungen" 1867, der jedoch nur ein kurzes Dasein beschieden war.[19] Die offizielle Ankündigung durch die Regierung und die Einladung des Auslandes zur Beteiligung galten als Terminfixierung. Erst zu Beginn des 20. Jahrhunderts wurden ernsthafte Versuche zur internationalen Regelung und Organisation der Angelegenheiten der großen Ausstellungen unternommen.[20]

Österreichs hohe Beteiligung an den ersten vier Weltausstellungen 1851 bis 1867 zeugte vom großen Interesse führender Wirtschafts- und Industriekreise an diesen internationalen Ausstellungen. Die Beschickung erfolgte durch Kommissionen, die unter der Leitung des Handelsministeriums standen und denen Vertreter aus Industrie, Wirtschaft, Wissenschaft und Kunst angehörten.[21] Die großen Erfolge, die österreichische Firmen wie Thonet, Haas, Wertheim oder Lobmeyr auf den ersten internationalen Expositionen erringen konnten, sowie der materielle Gewinn der jeweiligen Ausstellungsstadt spielten beim Entstehen der Weltausstellungsidee für Wien eine entscheidende Rolle. Auch die allgemeine Anerkennung der in den Jahren 1835, 1839 und 1845 des Vormärz veranstalteten Gewerbeausstellungen in Wien hatte die Bedeutung von Ausstellungen zur Ankurbelung wirtschaftlicher Prozesse gezeigt.[22]

3. VORBEREITUNGEN

a. Motivation und Planung

Das Zustandekommen einer Weltausstellung in Wien kann, im Vergleich zu den wirtschaftlich weiter entwickelten Weltausstellungsstädten London und Paris, als beachtlicher Erfolg gewertet werden, auch wenn diese Schau im nachhinein durch den Börsenkrach traurige Berühmtheit erlangen sollte und in den Augen der Zeitgenossen eine Wiederholung ausgeschlossen schien.

Das Vorbild der Londoner Weltausstellung 1851 ließ in Österreich, Preußen und Italien schon sehr bald Pläne für ähnliche Veranstaltungen entstehen. Anders als in Berlin und Rom erhielten jedoch die Überlegungen in Wien mit der Schleifung der Basteien und dem Beginn des Ausbaues der Stadt 1857 realistische Grundlagen. Der nun einsetzende Wandel des Wiener Stadtbildes von einer mittelalterlichen Befestigungsstadt zu einer Metropole internationalen Ranges schuf die Voraussetzungen, um den Anforderungen einer Weltausstellung zu genügen.

Am 1. Mai 1865 war ein erstes Teilstück der 4 Kilometer langen und 57 Meter breiten Ringstraße eröffnet worden. Diese „via triumphalis" genannte Prachtstraße sollte der Standort für die bedeutendsten öffentlichen Bauten der Stadt werden, aber auch private Wohnbauten einschließen. So entstanden neben öffentlichen Monumentalbauten repräsentative Palais der wirtschaftlichen Führungsschicht von Großindustriellen und Bankiers. Der Bau der Wiener Ringstraße als zentraler Kern der Stadterweiterung drückte nicht nur imperialen Machtwillen, sondern auch das Selbstbewußtsein des auf reiche Entfaltung des Kunst- und Kulturlebens bedachten Großbürgertums aus.

Am Tag der Eröffnung der Weltausstellung schrieb die „Neue Freie Presse":

> Erst ein solches Wien, sich selbst wieder zurückgegeben und im unbedingten Gefühle seiner Kraft, konnte daran denken, eine Universalausstellung zu veranstalten und die Welt bei sich zu empfangen.[23]

Gleichzeitig mit der Öffnung der inneren Stadt in architektonischer Hinsicht vollzog sich der praktische Zusammenschluß der schon 1850 einverleibten Vorstädte mit dem ersten Bezirk. Die Einwohnerzahl Wiens stieg daher an, erreichte aber noch nicht die Millionengrenze.[24]

Die Prachtbauten entlang der Ringstraße waren zum Zeitpunkt der Weltausstellung 1873 nur teilweise fertiggestellt. Wien bot dem internationalen Publikum eher das Bild einer Baustelle als das einer neuen Weltstadt. Lediglich die Oper, das Österreichische Museum für Kunst und Industrie, heute Museum für angewandte Kunst, und das Palais Epstein, heute das Stadtschulratsgebäude, nach seinem Erbauer, dem

Bankier Gustav R. von Epstein benannt, waren vollendet. Ein Großteil der Ringstraßenbauten, nämlich das Kunsthistorische und das Naturhistorische Museum, die Universität, das k.k. Hoftheater, das Rathaus, die Börse und das Parlament, wurde erst zwischen 1872 und 1874 in Angriff genommen. Die Weltausstellungspläne bewirkten eine raschere Durchführung der geplanten Bauwerke:

Vorzüglich die allgemeinen Stadtverhältnisse sieht man in heilsame Bewegung gerathen. Es scheint manchmal gewisser Anregungen zu bedürfen, um in gewaltsamem Anlauf über Zustände hinaus zu kommen, die sich sonst in übelgewohntem Schlendrian zur eigenen Qual wie eine ewige Krankheit fortgeerbt haben würden. Den endgültigen Übergang zur Weltstadt wird Wien jedenfalls der Weltausstellung zu danken haben.[25]

Obwohl viele Ringstraßengebäude 1873 noch nicht vollendet waren, war man stolz, die seit 1857 gemachten Fortschritte den Besuchern präsentieren zu können. Um den weiteren Fortgang der Bautätigkeit zu dokumentieren und die Fremden zu weiteren Besuchen zu animieren, fanden während des Sommers 1873 zahlreiche Grundsteinlegungen, wie die des Rathauses und der Börse, statt.[26]

Die ungeheure Bautätigkeit in Wien war auch eine Folge der prosperierenden österreichischen Industrie und Wirtschaft seit dem Ausgleich mit Ungarn und der „Wunderernte" von 1867. Wien als Zentrum des wirtschaftlichen und kulturellen Aufschwunges schien ein geeigneter Ort für die Veranstaltung einer Weltausstellung, von deren Zustandekommen die Vertreter von Industrie und Gewerbe ein weiteres Bestehen ihrer Konkurrenzfähigkeit im internationalen Wettbewerb abhängig machten.

Auch auf dem Gebiet des Verkehrswesens konnte Wien durch sechs aus allen Himmelsrichtungen einmündende Hauptbahnen, nämlich der Kaiser-Franz-Joseph-Bahn, der Nordwestbahn, der Ferdinand-Nordbahn, der Kaiserin-Elisabeth-Westbahn, der Süd- sowie der Staats(= Ost)bahn, die notwendigen Voraussetzungen für den Fremdenzustrom und den Warentransport bieten. In den Jahren von 1868 bis 1873 war die Länge der Eisenbahnlinien um mehr als das Doppelte angewachsen und so der Anschluß an das europäische Verkehrsnetz gelungen.[27]

Diese politische und wirtschaftliche Aufbruchstimmung der Gründerjahre begünstigte in hohem Maße das Zustandekommen einer Weltausstellung in Wien. Die seit 1867 mit kleineren Unterbrechungen von der liberalen Verfassungspartei gestellte Regierung sah darin eine geeignete Möglichkeit, die Leistungen ihrer Politik zu feiern.[28] Mit der Weltausstellung wollte die österreichische Unternehmerschaft, vertreten durch den Niederösterreichischen Gewerbeverein und die Niederösterreichische Handels- und Gewerbekammer, ihre wirtschaftlichen Leistungen der vorangegangenen Jahre einer breiten Weltöffentlichkeit präsentieren. Aber auch bedeutende Vertreter aus den Bereichen Kunst und Kultur, allen voran der Professor für Kunstgeschichte und Direktor des Österreichischen Museums, Rudolf von Eitelberger, erhofften sich zahlreiche Anregungen, besonders für die Entfaltung des Kunstgewerbes.[29]

Die offiziellen Vertreter Österreichs versprachen sich – nach den militärischen Niederlagen von 1859 und 1866 gegen Italien und Preußen – von einer Weltausstellung in Wien Prestigegewinn für die Donaumonarchie im Ausland. Ein weiterer Aspekt für die Veranstaltung einer internationalen Exposition war die geographische Lage Wiens. Durch die verstärkte Einbeziehung des Orients und Fernen Ostens sollte die Donaumetropole die Rolle eines Vermittlers zwischen West und Ost in diplomatischer, wirtschaftlicher und kultureller Hinsicht übernehmen.

Die Tatsache, daß die Wiener Weltausstellung die erste im deutschsprachigen Raum war, nutzten die „Deutsch-Liberalen" in Österreich für ihre politische Propaganda. Sie betrachteten genauso wie die „Reichsdeutschen" die Exposition als deutsches Unternehmen.[30]

Stand das Kaiserhaus dem Unternehmen äußerst wohlwollend und fördernd gegenüber, so fand es auf Seite der Aristokratie wesentlich weniger Sympathien.[31] Vor dem Hintergrund der Pariser „Commune" 1871 wurde eine Weltausstellung in Wien als potentielle Gefahr für die „besitzenden Kreise" und als Aufforderung zu politischer Unruhe empfunden. Das Mißtrauen des österreichischen Hochadels äußerte sich jedoch nur in passiver Zurückhaltung. Der tschechische konservativ-feudale Hochadel, der die deutsch-liberale Regierung in Wien ablehnte, und auch die Zuckerindustrie Böhmens opponierten hingegen offen gegen die Weltausstellung.[32] Sie wollten in einer eigenen Ausstellung ihre wirtschaftliche Kapazität demonstrieren.[33] Die Regierung blieb hart, und zuletzt siegte der Geschäftssinn der tschechischen hochadeligen Großgrundbesitzer sowie der Zuckerindustriellen, die eine ausgezeichnete Exposition zeigten.

Dem Zustandekommen der Wiener Weltausstellung und der Fixierung des Termines für das Jahr 1873 ging eine über zwanzig Jahre dauernde Planungszeit voraus. Wechselnde politische Konstellationen und das Fehlen einer internationalen Kommission zur Regelung und Koordinierung der Aufeinanderfolge der Weltausstellungen sowie mangelhafte wirtschaftliche und städtebauliche Voraussetzungen brachten die in den fünfziger Jahren einsetzende Ausstellungsprojektierung zunächst zum Scheitern.

Schon 1857 erschienen Publikationen, die die Bedeutung einer Industrieausstellung für die Förderung der Wirtschaft, die Erschließung neuer Absatzmärkte und Handelskontakte mit dem Ausland erkannten.[34] Seit 1862 wurde die Weltausstellung vom Niederösterreichischen Gewerbeverein und der Niederösterreichischen Handels- und Gewerbekammer in der Öffentlichkeit diskutiert. Jene Aussteller, die auf Expositionen bereits Erfolge errungen hatten, betonten den ungeheuren Nutzen einer derartigen Veranstaltung für die Entfaltung von Wirtschaft und Kultur. Das persönliche Engagement des Handelsministers Graf Wickenburg bewirkte 1863 die erste kaiserliche Entschließung für die Abhaltung einer internationalen Industrie- und Gewerbeausstellung für das Jahr 1865 oder die folgenden. Nach dem Bekanntwerden des französischen Planes für eine Weltausstellung 1867 in Paris wurde dieses Projekt jedoch fallengelassen.[35]

Seit Mitte der sechziger Jahre erörterten die Medien verstärkt die Frage der „Weltausstellungsreife" Wiens und der österreichischen Wirtschaft, wobei zahlreiche Stimmen vor einer wirtschaftlichen Blamage und dem Eindringen von Massenartikeln warnten.[36] Man empfahl einen späteren Termin, etwa die Jahre 1870 oder 1872, da bis dahin die für eine Weltausstellung notwendigen Voraussetzungen in wirtschaftlicher und kultureller Hinsicht erreicht sein würden.[37] 1866 erfolgte eine weitere kaiserliche Entschließung für die Abhaltung einer Ausstellung von Erzeugnissen der Landwirtschaft, Industrie und bildenden Künste auf der Zirkuswiese im Prater für das Jahr 1870. Die Durchführung ging allerdings in den Wirren des Kriegsjahres 1866 und in den Ausgleichsverhandlungen mit Ungarn 1867 unter.[38]

Erst mit dem Einsetzen des wirtschaftlichen Aufschwunges der Gründerzeit seit 1867 kam die Weltausstellungsidee zum Tragen. Einen wesentlichen Beitrag lieferte die Initiative des Industriellen Franz von Wertheim, der auch Präsident der Niederösterreichischen Handels- und Gewerbekammer sowie des Gewerbevereins war. Wertheim hatte schon bei vorangegangenen Weltausstellungen als Kommissionsmitglied, Aussteller und in der Jury teilgenommen und vermochte mit seinem Aufruf am 3. April 1868 im Niederösterreichischen Gewerbeverein den endgültigen Beginn der Planung durchzusetzen.[39]

Obwohl eine 1869 gebildete Kommission auf Anweisung des Handelsministers Vorschläge über Organisation und Finanzierung der geplanten Ausstellung ausgearbeitet hatte, gab die Regierung bis 1870 keine definitive Zusage.[40] Wertheim drängte auf eine baldige Terminfixierung, weil auch England nach Ende der Pariser Weltausstellung 1868 in Fortführung des alternierenden Wechsels des Veranstaltungsortes zwischen London und Paris an eine Gesamtausstellung dachte. Außerdem lagen bereits zahlreiche Anfragen von ausländischen Ausstellungskommissionen bezüglich einer Bekanntgabe des Termines vor.

Erst eine zweite Eingabe an das Handelsministerium vom 30. April 1870, in der eine rasche Entscheidung – wolle man die Weltausstellung noch 1873 veranstalten – für unumgänglich erachtet wurde, brachte den gewünschten Erfolg.[41] Am 21. Mai 1870 stellte der Handelsminister de Pretis in einem Vortrag an den Kaiser das Ansuchen zur Durchführung einer Weltausstellung in Wien 1873.[42] Danach ließen der wirtschaftliche Aufschwung und die innere Konsolidierung der letzten Jahre den Erfolg der Ausstellung als gesichert erscheinen. Zusätzlich unterzeichneten österreichische Unternehmer und sonstige Interessenten einen Garantiefonds, der die Finanzierung für den Staat sicherstellen sollte. Nicht nur Handelskammern, industrielle Vereine und private Organisationen, sondern auch das Ministerium des Äußeren erwartete sich von der Weltausstellung als internationalem „Friedensfest" eine Förderung ihrer Interessen. Als Veranstaltungsort schlug man den Prater vor.

Bereits am 24. Mai 1870 wurde das Ansuchen vom Kaiser unterschrieben und de Pretis mit der Durchführung betraut. Damit konnte nach jahrelangem Bemühen eine internationale Ausstellung für die Erzeugnisse der Industrie, der Landwirtschaft und der bildenden Kunst für 1873 festgesetzt und dem Ausland offiziell bekanntgegeben werden.

Gleichzeitig wurde Erzherzog Karl Ludwig zum Protektor und Erzherzog Rainer zum Präsident der Weltausstellung bestellt.[43] Sie genossen durch ihre Tätigkeit bei wissenschaftlichen und künstlerischen Vereinen weithin einen angesehenen Ruf als Förderer wirtschaftlicher und wissenschaftlicher Interessen. Auf ausgedehnten Reisen in Europa und in den Orient setzten sie sich aktiv für die Weltausstellung ein.

Die gleichzeitig mit der Beschlußfassung über die Weltausstellung verfügte Auflösung des Abgeordnetenhauses und der 16 Landtage am 21. Mai ließ allfällige Gegenstimmen ungehört verhallen, da alle Kräfte mit der Neuordnung der Landtage beschäftigt waren. Den Vertretern der Weltausstellung wurde dieser Umstand später von der Opposition vorgeworfen, die sich damit um die Möglichkeit, etwas gegen diesen Entschluß zu unternehmen, gebracht sah.[44]

War noch unter der Regierung Potocki die Entscheidung für die Weltausstellung gefallen, so fiel die Inangriffnahme der Durchführung dem feudal-konservativen Ministerium Hohenwart-Schäffle zu. Der neue Handels- und Ackerbauminister Albert Schäffle fand in seinem Amt lediglich ein „Blatt Papier" vor, nämlich die kaiserliche Entschließung vom 24. Mai 1870.[45] Obwohl das Hohenwartsche Ministerium nur wenige Monate im Amt blieb und Schäffle die Weltausstellungsangelegenheiten zu den „widerwärtigsten" seiner Amtszeit rechnete, war es sein Verdienst, den vom Niederösterreichischen Gewerbeverein vorgeschlagenen k.k. Generalkonsul und Direktor der Kommerzkanzlei der k.k. Botschaft in Paris, Ministerialrat Dr. Wilhelm Schwarz-Senborn, für die Leitung der Weltausstellung zu gewinnen.

Bereits am 9. Jänner 1871 erfolgte mit a. h. Handschreiben seine Ernennung zum Generaldirektor.[46] Während die Wahl des in österreichischen Wirtschaftskreisen anerkannten Ausstellungsfachmannes auf größte Zustimmung stieß, wurde im nachhinein die Entscheidung Schäffles von deutsch-liberaler Seite zum Anlaß genommen, auch hierin eine Fehleinschätzung österreichischer Verhältnisse und einen weiteren Grund für das Versagen dieser Regierung und im speziellen des aus Stuttgart stammenden Nationalökonomen Schäffle zu sehen.[47]

Die gesetzlichen Bestimmungen für die Durchführung der Weltausstellung wurden noch unter der Regierung Hohenwart-Schäffle beschlossen. Am 25. 11. 1871 folgte das deutsch-liberale Ministerium Auersperg-Lasser, in dessen Legislaturperiode Organisation und Durchführung der Weltausstellung fielen.

Wie schon bei der Weltausstellung 1867 in Paris stellte Ungarn auch in Wien als Gastland aus und wurde wie alle übrigen Länder zur Beteiligung offiziell eingeladen.

So war die ungarische Reichshälfte auch zu keinen Zahlungen verpflichtet, die andernfalls infolge der Ausgleichsbestimmungen zu leisten gewesen wären. Die Ausstellung war ausschließlich eine cisleithanische Unternehmung, und Ungarn stellte eine eigene königliche Kommission auf.

b. Finanzen und Organisation

Die Frage der Finanzierung stellte während der langjährigen Planungsdauer einen Kernpunkt der Beratungen dar. Da an eine vollkommen private Finanzierung nach englischem Vorbild in Österreich nicht zu denken war, mußte — wie auch schon in Frankreich — der Staat herangezogen werden.

Am 21. Juli 1871 wurde der im Reichsrat eingebrachte Gesetzesvorschlag zur Gewährung eines staatlichen Kredites von 6 Millionen Gulden bewilligt, nachdem er im Abgeordnetenhaus ohne eine einzige Gegenstimme angenommen worden war.[48] Für die Deckung des Krediets sollten jeweils zur Hälfte der Staat und ein von Privaten gezeichneter Garantiefonds aufkommen. Schon zu Beginn des Jahres 1870 war auf Initiative des späteren Präsidialreferenten der Weltausstellung Julius Hirsch vom Niederösterreichischen Gewerbeverein und Österreichischen Ingenieur- und Architektenverein an alle Industriellen und sonstige Gesellschaften die Einladung zur Zeichnung dieses Garantiefonds ergangen.[49] Allgemein ging man von der Überlegung aus, daß sich der Staat nicht nur die Weltausstellung leisten könne, sondern auch eine Aufbesserung des Staatsbudgets zu erhoffen sei. Die Gemeinde Wien wurde als Ausstellungsstadt wegen der ihr zufallenden Kosten für die Errichtung der Brücken, Straßen und öffentlichen Einrichtungen zur Finanzierung nicht herangezogen.

Die gesetzlichen Grundlagen für die organisatorische Durchführung und Abgrenzung der Zuständigkeiten wurden mit der Bestätigung des Organisationsstatutes vom 12. September 1871 festgehalten.[50] Artikel I regelte die Zusammensetzung der kaiserlichen Ausstellungskommission. Artikel II sicherte dem Generaldirektor praktisch unumschränkte Vollmacht zu. Es wurden ihm „1. die selbständige Leitung, Verwaltung und Durchführung des Ausstellungsunternehmens, 2. die volle Selbstbestimmung in Beziehung der Bestellung sowie der Leitung und Anwendung der nötigen Arbeitskräfte und die Organisation der gesamten Geschäfte und 3. die Vertretung und Verwaltung des Ausstellungsfonds" übertragen. Nach Artikel VI sollte der Weltausstellungsfonds mit den laut Gesetz vom 21. Juli 1871 flüssig zu machenden 6 Millionen Gulden und den Einnahmen aus der Weltausstellung sämtliche Kosten der Veranstaltung abdecken.[51]

Obwohl der unter „keinerlei Vorwande zu überschreitende Credit" von 6 Millionen Gulden vom Generaldirektor Schwarz-Senborn noch zu Beginn des Jahres 1871 als ausreichend bezeichnet worden war, hatten die Bauarbeiten im Prater und sonstige Vorbereitungen bis Ende Oktober 1872 die gesamte Summe aufgebraucht.[52] Schwarz-Senborn mußte daher beim Handelsminister Banhans, dem er allein Rechenschaft schuldete, um Krediterhöhung ansuchen. Die Höhe der zusätzlichen Summe betrug 7 Millionen Gulden, sodaß die Gesamtkosten auf 13 Millionen anstiegen. Da die Finanzierung durch den Staat einer gesetzlichen Regelung bedurfte, mußte eine Kreditanhebung erst vom Abgeordnetenhaus gebilligt werden, welches die Eingabe zur Gesetzesänderung zu beantragen hatte. Die Debatten im Abgeordnetenhaus kritisierten vor allem die unumschränkte und willkürliche Geschäftsgebarung des Generaldirektors.[53] Die Stimmung gegen die exorbitant hohen Zusatzkosten war — auch seitens der Verfechter der Weltausstellung im Abgeordnetenhaus — im Anschwellen begriffen, als Schwarz-Senborn im Jänner 1873 erneut um eine Erhöhung des Kredites um insgesamt 9,7 Millionen Gulden beim Ministerrat und beim Abgeordnetenhaus ansuchte.[54] Die Gesamtkosten hätten so 15 Millionen Gulden betragen. Die mehrfache Überschreitung der ursprünglich veranschlagten Kosten war jedoch nicht allein der Geschäftsführung durch den Generaldirektor anzulasten.

Als zusätzliche Erschwernis meldete sich ein Großteil der ausländischen Nationen sehr spät an, was eine rasche und großzügigere Ausgestaltung des Geländes und der Bauten notwendig machte. Abgesehen davon begannen die Bauarbeiten generell sehr spät, da die Finanzierung erst im Frühjahr 1871 gesichert war. Bei einer Gesamtbauzeit von zwei Jahren bestimmten daher kurze Lieferzeiten, nicht günstige Angebote die Auswahl der Firmen. Für den technisch schwierigen Bau der Rotunde mußte eine deutsche Firma herangezogen werden, weil sich in Österreich kein Unternehmen in der Lage sah, in der knappen Zeit die erforderlichen Baumaterialien zu liefern. Die ursprünglich kalkulierten Kosten für diesen Monumentalbau wurden um mehr als das Doppelte überschritten; statt 4 Millionen betrugen sie schließlich 9 Millionen Gulden. In seinem Rechenschaftsbericht an den Handelsminister Banhans führte Schwarz-Senborn darüber hinaus auch die gestiegenen Preise für Baumaterialien und die Verdoppelung der Arbeiterlöhne als wesentliche Gründe für die unerwartete Kostenexplosion an.[55]

Schließlich mußte am 4. April 1873 der zusätzliche Kredit von 9,7 Millionen Gulden bewilligt und die notwendige Gesetzesänderung vorgenommen werden.[56] Die Höhe der projektierten Kosten von 6 Millionen Gulden ging noch auf die Regierung Hohenwart-Schäffle zurück, die ohne genaue vorherige Berechnungen ihre Entscheidung gefällt hatte.[57] So konnte die deutsch-liberale Regierung unter Auersperg-Lasser, vor allem der für die Weltausstellungsagenden zuständige Handelsminister Banhans, die Schuld für die Überziehung des Kostenrahmens ihren Vorgängern zuschieben.

Die willkürliche Handhabung der Geschäfte durch den der Bürokratie feindlich gegenüber eingestellten Schwarz-Senborn blieb jedoch nicht ohne Konsequenzen, und schon im Jänner 1873 wurden eine strengere Überwachung und eine Abänderung des Organisationsstatutes in Erwägung gezogen.⁵⁸ Schwarz-Senborn reagierte mit einem Rücktrittsangebot für den Fall, daß seine Entscheidungsfreiheit eingeschränkt werden sollte. Ein Ersatz für Schwarz-Senborn schien nicht so leicht verfügbar, sodaß die Berufung eines Kontrollorgans aufgeschoben wurde. Erst als sich die Situation nach der Eröffnung der Weltausstellung am 1. Mai und dem Börsenkrach vom 9. Mai zuspitzte, griff die Regierung durch die Einsetzung eines Administrationsrates direkt in die Weltausstellungsgeschäfte ein, um nicht „vor aller Welt blamiert zu werden".⁵⁹ Am 10. Juni 1873 erfolgte die Abänderung des Organisationsstatutes vom 29. September 1871. Dem Generaldirektor wurde ein mit denselben Befugnissen ausgestattetes Kontrollorgan unter der Leitung des Sektionschefes des Finanzministeriums, Dr. Julius Fierlinger, an die Seite gestellt.⁶⁰

Da alle Geschäfte bereits abgeschlossen waren, konnte der Administrationsrat das Defizit nicht mehr verhindern. Lediglich die Kontrolle der Rechnungen, der Einnahmen und Ausgaben wurde vorgenommen. Während die Kosten von 6 Millionen Gulden auf über 19 Millionen und damit um mehr als das Dreifache angestiegen waren, blieben die Einnahmen, die einen wesentlichen Positivposten bei der Kostenrechnung dargestellt hatten, weit hinter dem Erwarteten zurück. Die Weltausstellung kostete insgesamt 19,123.270 Gulden, denen bis 1876 Einnahmen von nur 4,256.349 Gulden gegenüberstanden.⁶¹ Für das hohe Defizit kam letztlich der Staat allein auf. Die Bestimmungen des Garantiefonds waren so abgefaßt, daß die Zeichner bei einer hohen Differenz der Ein- und Ausgaben nicht herangezogen werden konnten.⁶²

Wilhelm Freiherr von Schwarz-Senborn war noch vor der endgültigen Entscheidung über die Finanzierung und die Organisation zum Generaldirektor der Weltausstellung ernannt worden. Die Regierung, der Niederösterreichische Gewerbeverein und auch der Kaiser hielten Schwarz-Senborn auf Grund seiner langjährigen Erfahrung als österreichischer Gesandter und Ausstellungskommissär bei den vorangegangenen Weltausstellungen für diese Position bestens geeignet. 1816 in Wien geboren, hatte Schwarz-Senborn die Beamtenlaufbahn im Handelsministerium eingeschlagen.⁶³ 1860 wurde er ständiger Vertreter Österreichs bei internationalen Ausstellungen. Durch die so gewonnenen Erfahrungen und seinen persönlichen Einsatz für den Erfolg der heimischen Wirtschaft konnte er sich als Ausstellungsfachmann profilieren. Darüber hinaus hatte ihn die kaiserliche Regierung zwischen 1860 und 1866 mehrmals in wirtschaftlichen und außenpolitischen Fragen zu Rat gezogen.⁶⁴

Nach der terminlichen Fixierung der Weltausstellung, also noch 1870, trat der damalige Handelsminister Schäffle mit Dr. Wilhelm Schwarz-Senborn in Verbindung und forderte ihn auf, die Leitung der Weltausstellung zu übernehmen. Wie Schäffle in seinen Memoiren schreibt, kam er dieser Pflicht nur sehr ungern nach.⁶⁵ Die Kandidatur Schwarz-Senborns war auf Vorschlag Wertheims und auf Wunsch liberaler Politiker herbeigeführt worden. Abgesehen davon genoß er die Gunst Kaiser Franz

Josephs. Erst nachdem Schwarz-Senborn von Seite der Regierung volle Handlungsfreiheit und Unabhängigkeit von jeder Autorität, die „freie Wahl der Bauten" und der Titel eines geheimen Rates versprochen worden waren, nahm er das Angebot an.

Am 9. Jänner 1871 erhielt Schwarz-Senborn den offiziellen Ruf zum Generaldirektor, dem er jedoch wegen der Besetzung von Paris durch die Deutschen erst im Mai 1871 nach Wien folgen konnte. In seinem Antwortschreiben an Beust vom 10. Februar 1871 auf die Wahl zum Leiter der Wiener Weltausstellung erklärte Schwarz-Senborn, auch bei einem späteren Eintreffen in Wien noch genügend Zeit für die Planung zu haben.[66] Abgesehen davon wären zwei Jahre genügend Zeit für zehn Ausstellungen, umso eher dann für eine! Außerdem hätte er den Plan dazu schon fix und fertig im Kopf, und es bedürfe nur mehr der Durchführung. Gleichzeitig betonte Schwarz-Senborn seine schon 1870 gestellten Forderungen bezüglich der unabhängigen und unbeschränkten Selbstbestimmung in allen Fragen, die Beschränkung der Ausstellungskommission auf einen bloßen Beirat und die Beistellung von Militärpersonen für die „executive Durchführung". Im Reichsgesetzblatt vom 21. Juli 1871 Nr. 87 und im Organisationsstatut vom 12. September 1871 wurde diesen Forderungen voll entsprochen. Schon seit Beginn der Weltausstellungen 1851 war es durchaus Usus gewesen, einer einzigen Person alle Vollmachten zu überlassen. Henry Cole bei der Londoner Weltausstellung 1851 und Frédéric Le Play 1855 und 1867 in Paris hatten ähnliche Freiheiten genossen. Man war der Ansicht, daß die Geschäfte in einer Hand liegen müßten, um eine komplikationslose Durchführung und damit den Erfolg der Ausstellung garantieren zu können.

Schließlich eröffnete Schwarz-Senborn am 1. August 1871 in Wien im Palais Klein in der Praterstraße sein Büro. Hier sollten sämtliche Weltausstellungsagenden zusammenlaufen. Zum Präsidialreferenten wurde der Vertraute des Generaldirektors, der Schriftsteller, Journalist und Gemeinderat Dr. Julius Hirsch, ernannt.[67] Als Vorstand der Kanzleidirektion fungierte der Sektionsrat im Handelsministerium Dr. Georg Thaa, die Redaktion der „Officiellen Documente" übernahm der spätere Zentralgewerbeinspektor Dr. Franz Migerka, die Leitung des offiziellen Kataloges übernahm Prof. C. Mack.[68]

Schwarz-Senborn hatte sich während der Vorbereitungsarbeiten bereits die Ablehnung des deutsch-liberalen Ministeriums zugezogen und geriet zusätzlich in das Schußfeld der öffentlichen Kritik. Die Gründe dafür lagen nicht nur in der Kostenüberschreitung, sondern auch im eigenwilligen und chaotischen Führungsstil des Generaldirektors sowie in seiner brüskierenden Bevorzugung der ausländischen Aussteller, allen voran der französischen, gegenüber österreichischen Unternehmern.

Für Schwarz-Senborn bedeutete die Wiener Weltausstellung das Ende seiner Karriere. Nach Schließung der Weltausstellung wurde er 1874 als Gesandter nach Washington versetzt, von wo er aus finanziellen Gründen bald wieder nach Wien zurückkehrte. Er starb 1903 in Brühl bei Mödling in geistiger Umnachtung. Sein persönlicher Wunsch, Bürgermeister von Wien zu werden und in dieser Funktion die Stadterweiterung zu vollenden und ein großartiges Kommunikationsnetz zu schaffen, blieb Illusion.

Zuerst wurde der Generaldirektor als ausgezeichneter Wirtschafts- und Ausstellungsfachmann hochgelobt und zuletzt, als sich die hochgesteckten Erwartungen an die Weltausstellung nicht erfüllten, von der Regierung und der Presse zum Sündenbock gestempelt. Man machte ihn zu Unrecht für den finanziellen Mißerfolg der Ausstellung alleine verantwortlich. Schließlich war Schwarz-Senborns Risikofreudigkeit der Bau der anfangs vielgehaßten und später stolz vorgeführten Rotunde zu verdanken. Eine Würdigung seiner Leistungen für Wien fiel der chaotischen Stimmung des wirtschaftlichen Zusammenbruchs zum Opfer.

Das Organisationsstatut vom 12. September 1871 stellte dem Generaldirektor eine kaiserliche Kommission zur Unterstützung der Verwaltung der Weltausstellung an die Seite.[69] Die Form der *Kommission* kann als charakteristische institutionelle Erscheinung der modernen Ausstellungsbewegung angesehen werden.[70] Als halbamtliches Regierungsorgan diente dieses Expertengremium zur Wahrnehmung spezieller exekutiver Aufgaben im Interesse der Öffentlichkeit.

Erzherzog Rainer fungierte als Präsident der kaiserlichen Ausstellungskommission, der auch Spitzen sämtlicher offizieller Hof- und Regierungsstellen sowie Vorsitzende und Präsidenten namhafter Vereine und Organisationen aus Wissenschaft, Wirtschaft und Kunst angehörten.[71] Im ganzen zählte die Kommission 215 Mitglieder. Die hohe Zahl im Vergleich zu vorangegangenen Weltausstellungen — Paris 1867 hatte eine Kommission mit nur 41 Mitgliedern — wurde heftig kritisiert.[72] Neben den hochoffiziellen Mitgliedern wurden auch 42 Fabrikanten, 17 Professoren, 12 liberale Gemeinderäte, 14 höhere Beamte des Handels-, Innen- und Außenministeriums, 7 Bankiers, 8 Direktoren privater Eisenbahngesellschaften und 10 Grundbesitzer in die Kommission berufen.[73] Ein entscheidendes Kriterium für die Aufnahme war die erfolgreiche Teilnahme an früheren Weltausstellungen. Speziell hier wird das Vordringen aufstrebender bürgerlicher Kreise in offizielle Positionen deutlich sichtbar. Für sie bedeutete die Aufnahme in eine von der Hocharistokratie dominierte Kommission einen ungeheuren Prestigegewinn.

Eine ähnliche Zusammensetzung wiesen auch jene 20 Arbeitsausschüsse auf, die von der Generaldirektion zur besseren Abwicklung der Geschäfte gebildet worden waren.[74] Abgesehen davon wurden in den cisleithanischen Kronländern gesonderte Ausstellungskommissionen gebildet, deren Sitz meist mit den lokalen Handels- und Gewerbekammern identisch war.[75] Insgesamt 28 Kommissionen der im Reichsrat vertretenen Königreiche und Länder umfaßten 1.278 Mitglieder, im Laufe der Vorbereitungen erhöhte sich die Zahl noch um 427. Zusätzlich wurden zahlreiche „Executivcomités" und Fachberatergremien beigezogen. Größe und nationale Vielfalt der Monarchie spiegelten sich in diesen Zahlen wider, die zugleich Aufschluß über Wirtschaft und Gesellschaft der einzelnen Länder gaben.[76] Während die kaiserliche Ausstellungskommission vor allem als Ehrengremium fungierte, entfalteten die Landeskommissionen eine umfangreiche Tätigkeit.

c. Wien bereitet sich vor

Die Mitwirkung der Gemeinde Wien stellte für den Erfolg der Weltausstellung eine wichtige Voraussetzung dar. Sie sollte sich vor allem um eine Verbesserung der öffentlichen Verkehrsmittel in den Prater, die Organisation der Quartierbeschaffung für die Gäste und sonstige kommunale Einrichtungen zur Gesundheitsvorsorge kümmern.

Das Interesse der kommunalen Behörden und der liberalen Gemeinderäte war jedoch nicht sehr groß.[77] Sogar der Bürgermeister Dr. Kajetan Felder stand dem Gelingen der Weltausstellung mit großer Skepsis gegenüber und versuchte, „sich bei dieser dubiosen Unternehmung so passiv als tunlich" zu verhalten.[78] Die aus 15 Gemeinderäten zusammengesetzte Weltausstellungskommission entfaltete keine herausragenden Aktivitäten. Auch einige „Subcomités" stellten sehr rasch ihre Tätigkeit wieder ein.[79] Sogar ein Weltausstellungsfest der Gemeinde Wien im Stadtpark am 16. August endete mit einem Mißerfolg.[80]

Die k.u.k. Reichshaupt- und Residenzstadt stand unter der Verwaltung der Niederösterreichischen Statthalterei, weshalb der nötige Handlungsspielraum fehlte. Die Gemeinde Wien hatte auf Grund besonderer gesetzlicher Bestimmungen bei der Gestaltung des Ausstellungsgeländes im Prater wie auch schon bei dem Projekt der Wiener Ringstraße kein Mitspracherecht. Darüber hinaus überließ die liberale Gemeindeverwaltung einen Großteil der öffentlichen Angelegenheiten der Obsorge privater Institutionen und Personen. Deren Aktivitäten, wie auch jene der kommunalen Behörden, setzten im Zuge der Vorbereitungen zur Weltausstellung wesentliche Impulse für die Schaffung zukunftsweisender städtischer Einrichtungen.

Das Budget der Gemeinde Wien war durch die kostspielige Donauregulierung und die intensive öffentliche Bautätigkeit mit Anleihen und Schulden belastet, sodaß Bürgermeister Felder zu äußerster Sparsamkeit hinsichtlich der Weltausstellung aufrief. Da nur die notwendigsten Ausgaben getätigt wurden, blieben die Kosten unter den projektierten 3 Millionen Gulden.[81]

Die Lage der Weltausstellung an der Peripherie rückte die Frage des verkehrstechnischen Anschlusses an das Stadtzentrum in den Mittelpunkt der kommunalen Beratungen. Sowohl die Verbesserung und Vermehrung der Straßen und Brücken zum Prater als auch eine Aufstockung sämtlicher privater und öffentlicher Verkehrsmittel sollten den Zugang zur Weltausstellung für den erwarteten Besucherstrom komplikationslos und flüssig gestalten.

Die Schaffung ausreichender Donaukanalübergänge stellte die Gemeinde vor kostspielige und technisch schwierige Probleme. Der Neubau der bereits 1829 errichteten und 1866 restaurierten Augartenbrücke war aus Sicherheitsgründen schon seit längerem notwendig geworden. Die französische Firma Fives & Lille erhielt den Auftrag für den Entwurf und die Durchführung.[82] Trotz aller Bemühungen konnte die neue Augartenbrücke nicht rechtzeitig zur Eröffnung der Weltausstellung fertiggestellt werden und wurde erst am 6. Juni 1873 dem Verkehr übergeben. Der Sophienkettensteg, Wiens erste Kettenbrücke, erhielt anläßlich der Weltausstellung die Konstruktion einer massiven Fahrkettenbrücke und bildete eine der wichtigsten Verbindungen zum Südportal der Rotunde. Seit 1918 hieß er Rotundenbrücke.[83] Die Franz-Josephsbrücke, heute Stadionbrücke, wurde ebenfalls von der französischen Gesellschaft Fives & Lille neu errichtet.

Ein ungeheurer finanzieller Vorteil für die Gemeinde Wien ergab sich aus der Behandlung der zu bauenden Brücken als Ausstellungsobjekte, sodaß die für alle Exponate der Weltausstellung geltende Zoll- und Frachtermäßigung in Anspruch genommen werden konnte.[84] Außerdem wurden die Erbauer als Aussteller im Katalog angeführt.

Auch hinsichtlich der Erweiterung und Verbesserung des übrigen Verkehrsnetzes wurde die Weltausstellung zum willkommenen Anlaß genommen, länger anstehende Projekte endlich durchzuführen.

Im Vorgefühl des erhofften wirtschaftlichen Aufschwunges wurden zahlreiche, teils recht gewagte Vorschläge eingebracht. Für die Lösung der Lokalbahn- und Wienflußfrage wurden allein 23 Pläne eingereicht.[85] Das erste Untergrundbahnprojekt 1872 und ein Antrag des Vorstandes des III. Bezirkes zur Begradigung der Serpentine des Donaukanals durch Umlegung des Flußbettes zeigen — ohne jegliche praktische Relevanz aufzuweisen — das Selbstvertrauen in die eigene technische Leistungsfähigkeit.[86]

Zur Erleichterung der Materialzufuhr wurden Zubringerbahnen von der Kaiser-Ferdinand-Nordbahn und vom Nordbahnhof direkt zur Maschinenhalle gebaut und nach Schluß der Weltausstellung wieder abgetragen.[87] Die Verbindungsbahn zwischen dem Nordbahnhof und dem Süd- sowie Staats(= Ost)bahnhof wurde am 15. Mai 1873 dem Verkehr übergeben. Aus Anlaß der Ausstellung erhielt die Linie für den Personenverkehr am Praterstern eine eigene Station. Die geringe Auslastung der dreimal täglich verkehrenden Züge erzwang jedoch noch während des Sommers 1873 die Einstellung der Verbindungsbahn.[88]

Das Fehlen eines einheitlichen Verkehrsplanungskonzeptes erschwerte ein zielorientiertes Vorgehen der Gemeindeverwaltung. Um ein klares Bild von der Leistungsfähigkeit sämtlicher Transportmittel Wiens zu erhalten, wurde das „städtische statistische Bureau" beauftragt, die erforderlichen Daten zu sammeln. Das Ergebnis der Untersuchung wies einen Mangel an Fiakern, Einspännern, Stellwägen und Pferdebahnen aus, was die Reformierung praktisch aller Verkehrsmittel erforderlich machte.[89]

Dem Ausbau der Pferdeeisenbahn oder -tramway, dem ersten Massenverkehrsmittel größeren Stils, wurde dabei Priorität eingeräumt.[90] Im Gegensatz zu den bis dahin gebräuchlichen „Stellwägen" oder „Omnibussen" ermöglichte diese durch die Verwendung von Schienen eine ruhigere und bequemere Art der Fortbewegung. Die erste Route einer Pferdetramway in Wien führte von Dornbach zum Schottentor und war am 4. Oktober 1865 eröffnet worden. Erbauer war die Genfer Firma C. Schaeck-Jaquet & Co, die 1868 als einzige private Wiener Tramway-Gesellschaft die Konzession zum Betrieb aller bestehenden und künftigen Pferdeeisenbahnen oder -tramways von der Gemeinde Wien erworben hatte. Die Nichteinhaltung des Baues geplanter Linien sowie die Monopolstellung der Gesellschaft führten zu heftiger Kritik seitens der Gemeinde und zu einem regelrechten „Tramwaykrieg", der erst durch die Verstaatlichung 1902 beendet wurde.

Bereits Ende 1870 hatten Häusereinlösungen und die Errichtung der kostspieligen Bahnanlage in Mariahilf die Mittel der Aktiengesellschaft derart erschöpft, daß sie bis zur Weltausstellung 1873 in Wien keine neuen Strecken baute. 1872 bestand der Gemeinderat jedoch darauf, Verbindungslinien von den Bahnhöfen zum Ausstellungsgelände im Prater anzulegen und erklärte bereits im März 1872 zwei außerhalb des Vertrages mit der Tramwaygesellschaft liegende Routen in den Prater, nämlich Ringstraße – Radetzkybrücke – Ringstraße – Löwengasse – Sophienbrücke – Prater und Nußdorferstraße – Wallensteinstraße – Nordwestbahnhof – Nordwestbahnstraße – Praterstern, zu Weltausstellungslinien.[91] Anfang Mai 1873 nahmen drei neue Pferdebahnlinien zum Praterstern, zur Ausstellungsstraße (bis 1873 Feuerwerksallee) und dem Rondeau ihren Betrieb auf, wovon jedoch zwei 1874 um die Strecke zum Weltausstellungsgelände wieder verkürzt wurden.[92]

Das gesamte Netz der Pferdebahnen betrug 1873 38,99 km.[93] Der Verkehr wurde mit 326 geschlossenen Wagen, 228 Sommer- und 42 Güterwägen und 1.860 Pferden betrieben.[94] Die Zahl der von der Tramwaygesellschaft beförderten Personen hatte sich in einem Jahr nahezu verdoppelt: Von 15,135.909 (1872) auf 31,115.130 (1873).[95]

Die Streitigkeiten der Wiener Tramwaygesellschaft mit der Gemeinde anläßlich der Planung der Weltausstellungslinie und finanzielle Schwierigkeiten gaben 1872 den entscheidenden Anstoß für die Gründung eines zweiten Pferdebahnunternehmens. Der durch seine Mitarbeit an der Gründung und Erbauung der ersten Wiener Tramway bekannt gewordene Ingenieur Gustav von Dreyhausen und die Wiener Baugesellschaft übernahmen als „Neue Tramwaygesellschaft" den Ausbau der Verbindungslinien zwischen den Vororten und der inneren Stadt.[96] Der von Dreyhausen eingebrachte Vorschlag zur endgültigen Anlegung der Gürtelbahn entlang des Linienwalles wurde nicht sofort in Angriff genommen. Auch die übrigen Ausbauprojekte der Neuen Tramwaygesellschaft blieben in Anbetracht ihrer relativ späten Gründung für die Weltausstellung von geringerer Bedeutung.

Das von den neuen Pferdebahnen zurückgedrängte ältere Lohnfuhrwerkswesen, nämlich Einspänner, Fiaker, Stellwägen, Stadtlohnwägen und Kleinfuhrwerke, erfuhr durch die Weltausstellung einen ungeheuren Aufschwung. Der Erlaß einer neuen, schon lange geplanten Fiaker- und Einspännerordnung vom 10. November 1872 für den Wiener Polizeirayon brachte durch die Freigabe der Konzessionen ein rasantes Anwachsen des Lohn- und Platzfuhrwerkes.[97] Die Standplätze in der Stadt und in den Vorstadtbezirken wurden von 75 auf 154 erhöht. Zusätzlich entstanden fünf „Wagenabstellplätze" für Fiaker und Fuhrwerke rund um das Ausstellungsgelände, wovon vier nach 1873 wieder aufgelöst wurden.[98]

Die neu festgesetzten Fahrtaxen schienen den Betreibern der Fiaker und Einspänner, die sich eine wesentlich stärkere Preisanhebung erhofft hatten, als zu gering. Ein zur Eröffnung der Weltausstellung angesetzter Streik vom 29. April bis 1. Mai behinderte zwar den Verkehr in den Prater, konnte aber noch während des Eröffnungstages beigelegt werden.[99] Die von der Statthalterei gemachten Zugeständnisse entsprachen nur zum Teil den Forderungen.

Als einmaliges Kuriosum für die Geschichte der Personenschiffahrt im Bereich Wiens kann die Aufnahme eines geregelten Linienverkehrs auf dem Donaukanal vom Prater bis in den Hauptstrom zum Kahlenbergdorf angesehen werden.[100] Die Niederösterreichische Statthalterei bewilligte den Antrag der Ersten Donaudampfschiffahrtsgesellschaft zur Befahrung des Donaukanals, weil damit die schon längst notwendig gewordene Säuberung von Pferdeschwemmen, „Waschschiffen" und Fischergeschirren, die für die Fremden keinen schönen Anblick geboten hätten, vorgenommen wurde. Die auch „Dampfomnibusse" genannten sechs Lokalboote wurden eigens für dieses Projekt gebaut, faßten 180 Personen und konnten ohne zu wenden stromauf- und stromabwärts fahren; sie verkehrten zwischen den Bezirken Rossau sowie Brigittenau und Erdberg ab 30. März 1873 an Sonn- und Feiertagen und während der Ausstellung täglich.[101]

Noch vor Schluß der Weltausstellung mußte der Betrieb jedoch eingestellt werden. Der Börsenkrach und die ungenügende Auslastung brachten die Gesellschaft in finanzielle Schwierigkeiten, von der sie sich erst 1878 erholte. Die sechs Lokalboote fuhren für den Ausflugsverkehr auf der großen Donau zum Teil noch bis in die Mitte des 20. Jahrhunderts.

Der Linienverkehr der Donaudampfschiffahrtsgesellschaft am Donaukanal und eine Tramwaylinie nach Döbling verbanden die innere Stadt und das Weltausstellungsgelände mit den Erholungs- und Ausflugsgebieten des Wienerwaldes. Als besondere Attraktion der Ausstellung wurde am 27. Juli 1873 von der Österreichischen Bergbahngesellschaft eine Standseilbahn vom Kahlenbergdorf zum Sattel zwischen Kahlen- und Leopoldsberg in Betrieb genommen. Diese überwand 300 Höhenmeter und besaß zweistöckige Aussichtswaggons, die von dem Lokomotivfabrikanten Georg Sigl geliefert wurden und über eine Kapazität von je 100 Personen verfügten. Da die Wiener dieser ständig krachenden und zuckenden Standseilbahn mißtrauten und die Verkehrsverbindung mit den Dampfomnibussen von der inneren Stadt zur Talstation (zwischen Kahlenbergdorf und Klosterneuburg-Weidling) nicht ausreichte, blieben die Gäste, nach anfänglich zufriedenstellender Frequenz – 300.000 Personen wurden zwischen Juli und November 1873 befördert – jedoch in den Folgejahren aus.[102]

Nach der erfolgreichen Premiere der Zahnradbahn auf den Rigi in der Schweiz 1871 entwarf der Ingenieur Karl Maader das Projekt einer Zahnradbahn auf den Kahlenberg. Zu dessen Durchführung wurde die Kahlenbergbahn AG gegründet, die anläßlich der Weltausstellung auch ein Hotelrestaurant mit 58 Fremdenzimmern auf dem Kahlenberg errichtete.[103] Die rasche Realisierung scheiterte jedoch an dem unerwarteten Wechsel der finanzierenden Gesellschaften, sodaß die Eröffnung dieser ersten Zahnradbahn Österreichs bis zum 7. März 1874 verzögert wurde. Die 4,8 km lange kurvenreiche Strecke führte von Nußdorf über die Stationen Grinzing und Krapfenwald auf den Kahlenberg. Die schlechten wirtschaftlichen Verhältnisse nach dem Börsenkrach ermöglichten der finanziell besser gestellten Kahlenbergbahn AG 1876 den Ankauf ihres Konkurrenzunternehmens, der Standseilbahn, die daraufhin eingestellt wurde. Die Zahnradbahn wurde erst 1921 außer Betrieb genommen. Auf einem Teil ihrer Trasse wurde später die Höhenstraße angelegt.[104]

Eine zweite Bahn im Wienerwald, die für die Weltausstellung geplant und ebenfalls erst 1874 eröffnet wurde, war ein auf Initiative des Lokomotivfabrikanten Georg Sigl errichteter Schrägaufzug, der von der Rieglerhütte in Hütteldorf zum Restaurant auf der Sophienalpe führte. Diese „Knöpferlbahn" überwand 100 Höhenmeter und die offenen Waggons wurden ähnlich der Standseilbahn auf Schienen von Seilen hinaufgezogen und herabgelassen. Obwohl die Bahn einen kleinen Gewinn abwarf, ließ sie Sigl 1881 wieder abtragen.[105]

Von den insgesamt erhofften 10 Millionen Besuchern erwartete die Generaldirektion der Weltausstellung pro Tag durchschnittlich 33.000 bis 100.000 Fremde zur Übernachtung.[106] Da Wien – im Gegensatz zu London und Paris – noch nie zuvor eine so große Anzahl von Fremden beherbergt hatte, waren entsprechende Vorbereitungen notwendig. Trotz des ständigen Aufenthaltes zahlreicher Handelsreisender aus dem Orient sowie den Ländern der Monarchie, lag das Niveau der Hotellerie und der Wohnungen weit unter westeuropäischem Standard: eine Entwicklung, zu der auch die späte Öffnung der inneren Stadt zu den Vororten beigetragen hatte.

Blieb der notwendige Neu- und Ausbau der Hotels und der Gasthöfe Privaten überlassen, so erforderte die Bereitstellung von Privatwohnungen die Zusammenarbeit der Gemeinde Wien und der Generaldirektion. Diese aber gestaltete sich auf Grund von Kompetenzstreitigkeiten zwischen Schwarz-Senborn und den Gemeinderäten äußerst schwierig. Die Liberalen traten für die prinzipielle Nichteinmischung in jegliche Art von Privatangelegenheiten ein und blockierten so gezielte Aktivitäten der Generaldirektion zur Vermittlung privater Unterkünfte.[107]

Tatsächlich verschlechterte sich im Zuge der Stadterweiterung die allgemeine Wohnungssituation zusehends. Während der Bau der Ringstraßenpalais' florierte, stieg der Bedarf an billigen Kleinwohnungen rapid an. Anläßlich der Weltausstellung kam es erstmals zu intensiveren Diskussionen im Gemeinderat über einen Eingriff der Kommune in die bestehenden Verhältnisse. In den Administrationsberichten des Bürgermeisters Felder von 1871—1873 scheint sogar eine eigene Sektion für Fragen des Wohnungswesens auf.[108] Im Jahr 1871 wurde eine „Commission zur Beratung der Mittel zur Abhilfe der Wohnungsnot" eingesetzt, die aber nur Legitimationsaufgaben im Verwaltungsbericht Felders erfüllte und, vornehmlich auf Betreiben der Konservativen, sehr rasch durch Verweigerung der Finanzierung aufgelöst wurde.[109]

Obwohl diese Debatten praktisch ohne Folgen blieben, kann die Weltausstellung dennoch als ein Anstoß zur Bewußtmachung zurückgedrängter, aber immer akuter werdender Probleme der kommunalen Einflußsphäre gewertet werden.

Wesentlich gravierender wirkte sich die durch die Weltausstellung vorangetriebene Bauspekulation auf den Wohnungsmarkt aus. Die Zahl der Um- und Adaptierungsarbeiten stieg 1872/73 sprunghaft an, während die der Neubauten 1873 etwas zurückging.[110] Die Zuwanderung der Arbeiter infolge der Bautätigkeit in Wien ließ die Nachfrage an Kleinwohnungen und damit die Mieten in die Höhe schnellen. Bereits im August 1872 meldete das Weltausstellungsbüro die Anwesenheit von 5.000 Arbeitern im Prater.[111] Zahlreiche Kündigungen wurden ausgesprochen, und viele Wiener verbrachten den Sommer auf dem Land, um ihre Wohnungen teuer an Fremde vermieten zu können.[112] Im Jahr 1872 wurden im ersten Bezirk 1.617 und in den übrigen Stadtteilen 1.870 Wohnungen und Geschäftslokale aufgekündigt.[113]

Die Teuerungswelle ergriff auch die sonstigen Lebenshaltungskosten. Waren die Löhne der Arbeiter, die man für eine rasche Fertigstellung der Ausstellungsbauten dringend brauchte, auf das Doppelte angehoben worden, so kam es von Seite der Fixbesoldeten — Beamte und Militärs — zu vehementen Forderungen nach Gehaltserhöhungen. Viele waren aufs Land gezogen, weil ein Leben in der Stadt für sie zu teuer geworden war.[114]

Auf eine Anregung Schwarz-Senborns hin hatte der Herausgeber des „Wiener Adressbuches" Adolph Lehmann ein „Weltausstellungs-Central-Bureau für Reise und Wohnung" eingerichtet, dem in den übrigen Bezirken unentgeltlich weitere Räume in Gemeindebauten überlassen wurden. Es entsprach den Intentionen der Gemeinde, die Unternehmungen Privater zu unterstützen, anstatt eigene Aktivitäten zu entfalten. Sie beschränkte ihre Tätigkeit zunächst nur auf statistische Ermittlungen und überließ die Wohnungsvermittlung den Veranstaltern der Weltausstellung.[115] Schließlich installierte die Gemeinde zur unentgeltlichen Vermittlung ein zentrales „öffentliches Anmeldungs- und Auskunftsbureau für Fremdenwohnungen" beim Magistrat und in acht Bezirken.[116] Auf Grund der hohen Bereitschaft Privater, ihre Wohnungen zur Verfügung zu stellen, standen dem Büro 3.953 Wohnungen zur Vermittlung frei, wovon jedoch nur 700 vermietet werden konnten; die übrigen Wohnungen blieben leer.[117] Das Ausbleiben der Fremden und die teilweise verlangten Monatsmieten für eine Wohnung von 600 bis 1.000 Gulden, im Gegensatz zu 60 bis 400 Gulden außerhalb der Saison, trugen daran die Hauptschuld.[118] Weiters stellte die Gemeinde 30 Massenquartiere mit 3.377 Schlafstellen für die Unterbringung der anwesenden Arbeiter aus dem In- und Ausland zur Verfügung.

Der Ausbau der Hotellerie Wiens erfuhr im Zuge der Weltausstellung und des erwarteten Fremdenzustroms erstmals seit Beginn der Stadterweiterung einen erheblichen Aufschwung. Das herrschende Bau- und Spekulationsfieber kam dieser Entwicklung sehr entgegen. Vor allem im Hinblick auf die nunmehrige Rolle Wiens als internationale Metropole schien – wie schon der erste Reiseunternehmer aus England, John Cook, der im Weltausstellungsgelände ein eigenes Büro eröffnet hatte, bemerkte – eine Verbesserung dieses in der Hauptstadt vernachlässigten Wirtschaftszweiges im höchsten Grade notwendig.[119]

Der Plan für ein Riesenhotel mit 1.000 Zimmern hätte in seinen Ausmaßen den größten Privatbau der Ringstraße, den Heinrichshof, dreifach übertroffen und wäre nach der Hofburg das größte Gebäude Wiens gewesen.[120] Der unerschütterliche Glaube an die eigene Leistungsfähigkeit wird auch hier in höchst unrealistischen Projekten sichtbar.

Obwohl die Zahl der angemeldeten Hotels und Gasthöfe nicht außerordentlich anstieg, verbesserten sich deren Niveau und Kapazität beträchtlich. Starken Auftrieb brachten der Wiener Hotellerie mehrere neue Luxushotels im ersten Bezirk sowie Gasthöfe in der Leopoldstadt und nahe der Bahnhöfe.

Anläßlich der Weltausstellung wurden in den Jahren 1871 bis 1873 die Hotels Austria am Schottenring, de France und Regina beim Schottentor, das Hotel Metropol beim Rotenturmtor sowie das Hotelrestaurant am Kahlenberg neu errichtet. Am Schillerplatz entstand das Hotel Britannia und gegenüber dem Nordbahnhof das Hotel Donau. Das Palais des Herzogs von Württemberg wurde 1872/73 in das Hotel Imperial umgebaut, und das 1866 gegenüber am Ring erbaute Grand Hotel erhielt 1869 einen neuen Trakt und 1871 ein Hotel garni.[121] Weiters wurden der Matschkerhof in der Spiegelgasse, das Hotel „Stephanie" in der Taborstraße und das Hotel zum „Goldenen Lamm" in der Leopoldstadt, in dem vor allem orientalische Potentaten abstiegen, um- und ausgebaut. Das Projekt Emil R. von Försters für das Hotel Sacher erhielt zwar noch 1873 die offizielle Baugenehmigung, wurde aber erst 1876 vollendet. Der Großteil der zur Weltausstellung gebauten Hotels gehörte der gehobenen

Luxusklasse an und war für die Aufnahme mehrerer hundert Gäste geeignet. Mangels eines selbständigen Hotelbautyps im Programm der Ringstraßenarchitektur legte man der Gestaltung der Fassade und des Grundrisses der neugebauten Hotels das Konzept privater Wohnpalais' zugrunde. Die luxuriöse Ausstattung entsprach dabei deren Standard. So besaß das Grand Hotel einen eigenen hydraulischen Aufzug, das Hotel Austria wies im Speisesaal Deckengemälde des Malers Friedrich Schilcher auf.[122] Die von den Architekten Claus und Groß im Stil der Renaissance für jeweils 2,5 Millionen Gulden erbauten Hotels Britannia und Donau erhielten prachtvolle Fassaden und ersteres sogar Badewannen aus Carraramarmor.[123]

Das von der Wiener Baugesellschaft nach den Plänen der Architekten Karl Schuhmann und Ludwig Tischler in den Jahren 1871 bis 1873 an der Stelle des 1863 abgebrannten Treumanntheaters gebaute Hotel Metropol gehörte mit seinen 460 Zimmern zu den imposantesten und monumentalsten Hotelbauten für die Weltausstellung.[124] Vor allem in seiner Architektur hob sich der freistehende Bau als erster von den übrigen aus Wohnpalais umgebauten Hotels ab, indem er den Zweck des Gebäudes als solchen erkennen ließ.[125] Das Hotel Metropol blieb bis 1918 als Hotel bestehen, gelangte im Zweiten Weltkrieg als gefürchtete Gestapo-Zentrale zu trauriger Berühmtheit und wurde 1945 durch einen Bombenangriff zerstört.

Die meisten übrigen Hotels wurden bald nach dem Börsenkrach anderen Zwecken zugeführt. Das Hotel Britannia am Schillerplatz diente zeitweise als Justizministerium und danach bis heute als Telefon-Fernamt, in das Hotel Donau zog die Bundesbahndirektion, und das Hotel Austria wurde Sitz der Polizeidirektion und 1945 gesprengt.[126]

Wie bei der Vermietung von Wohnungen hielten auch die exorbitant hohen Hotelpreise viele Fremde davon ab, nach Wien zu kommen. Statt der ortsüblichen Preise in einem Luxushotel im ersten Bezirk von 2 bis 5 Gulden wurden 30 bis 60 Gulden pro Nächtigung verlangt.[127] Die anfangs leeren Hotels begannen sich erst im September, als nicht nur die Teuerungswelle, sondern auch die Choleraepidemie nachließ, zu füllen.

Der Ausbau des Gesundheitswesens seitens der Stadtverwaltung konnte mit den sonstigen Projekten der Stadterweiterung nicht Schritt halten. Die allgemein schlechten sanitären Verhältnisse Wiens im Vergleich zu Paris und London zeigten sich an der hohen Sterblichkeitsziffer. Nach Petersburg lag Wien hinsichtlich seiner Mortalitätsrate in Europa an zweiter Stelle.[128]

Die katastrophalen Zustände bei der Trinkwasserversorgung — erst am 24. Oktober 1873 wurde der Hochstrahlbrunnen der ersten Wiener Hochquellenwasserleitung am Schwarzenbergplatz eröffnet — und die unzureichenden Vorbeugemaßnahmen der Gemeinde Wien führten daher mehrmals zum Ausbruch von Seuchen. Neben der ständigen Gefahr einer Typhusepidemie trat 1831 erstmals auch die Cholera in Wien auf. Sie war aus dem Osten eingeschleppt worden und forderte in den Jahren 1831, 1854/55 und 1866 Tausende Todesopfer.[129] Das Hauptaugenmerk der kommunalen Sanitätsbehörden galt daher der Verhinderung eines neuerlichen Ausbruchs der Cholera. Die Zahl der Blattern- und Typhuserkrankungen begann sich bereits durch die Verbesserung der Trinkwasserversorgung zu senken.

Das Aufflackern vereinzelter Cholerafälle in Ungarn und Galizien 1872 wurde als ernste Warnung verstanden.[130] Die Ansammlung einer derart großen Zahl erwarteter Fremder aus allen Teilen der Erde potenzierte die Gefahr epidemischer Krankheiten und beschleunigte daher die Maßnahmen der zuständigen Behörden.

Von Seite der Presse und des Chefarztes der Weltausstellung Dr. Albert von Mosetig-Moorhof an die Kommunalverwaltung gerichtete Aufrufe, Präventivmaßnahmen zu setzen, erwirkten 1872 einen Erlaß für wichtige Sanitätsvorkehrungen und die Einsetzung eines städtischen Gesundheitsrates.[131] Die kommunalen Vertreter waren sich der großen Lücken und Mängel innerhalb des sich erst institutionalisierenden öffentlichen Gesundheitswesens bewußt.[132] Desto mehr bemühte man sich, gerade in dieser Angelegenheit optimale Vorsorgemaßnahmen zu treffen. So wurden die bereits vorhandenen Sanitätskommissionen verstärkt.[133] Die Sanitätspolizei sorgte für die Desinfektion der Kanäle, die Überprüfung des Trinkwassers, eine verstärkte Kontrolle der Lebensmittel durch das Marktkommissariat und einen sofortigen und reibungslosen Abtransport der Choleratoten, der 1872 von der Niederösterreichischen Statthalterei gesetzlich verordnet worden war. Auch im Weltausstellungsgelände war ein eigener Sanitätsdienst eingerichtet worden.

Einen wesentlichen Fortschritt für das öffentliche Gesundheitswesen stellte die vom Bürgermeister Dr. Kajetan Felder initiierte Planung eines kommunalen Krankenhauses dar. Bis 1873 hatte die Gemeinde Wien praktisch keinen Einfluß auf die Organisation und den Betrieb der Staats- und Landeskrankenhäuser.[134] Durch die Errichtung eines Epidemiespitales übernahm die Gemeinde erstmals bis dahin nur von Klöstern und karitativen Vereinen wahrgenommene Aufgaben.

Da Felder persönlich vom Ausbruch der Cholera im Weltausstellungsjahr überzeugt war, beschleunigte er — insbesondere nach einer Blatternepidemie 1872 — den Bau des Spitals.[135] Am 1. Mai 1873 konnte in der Triesterstraße Nr. 207, auf halber Höhe des Wienerberges und damit in unverbautem Gebiet, das nach neuesten Erkenntnissen im Pavillonsystem angelegte Krankenhaus, das 300 Betten zu vergeben hatte, eröffnet werden.[136]

Den Versuch einer Reglementierung erfuhr Anfang 1873 auch die Prostitution in Wien. Um die Verbreitung von Geschlechtskrankheiten zu verhindern, verteilte die Wiener Polizei sogenannte Gesundheitsbücher an die Wiener Prostituierten, deren Annahme unter Strafandrohung zur regelmäßigen ärztlichen Untersuchung verpflichtete. In Anbetracht der vielen erwarteten ausländischen Gäste und auch der für die Weltausstellung nach Wien gereisten Prostituierten aus Frankreich, England oder Norddeutschland sowie des regen Betriebes des leichten Gewerbes in Wien — um 1870 gab es vermutlich zwischen 4.000 und 5.000 Prostituierte — ist diese Vorsichtsmaßnahme der offiziellen Stellen nur allzu verständlich.[137]

d. Der „neue" Prater

Im Zuge des Baues der Wiener Ringstraße und der damit verbundenen Verschmelzung der Innenstadt mit den Vorstädten spielte die Wahl des Ausstellungsplatzes nicht nur vom Standpunkt des Ausstellungsfachmannes, sondern auch von dem des Stadtplaners eine wichtige Rolle. Gelände und Gebäude der Weltausstellung sollten auf das Gesamtbild des „neuen" Wien abgestimmt sein. In die engere Auswahl kamen der Prater und der Parade- oder Exerzierplatz auf dem Josefstädter Glacis, wo sich heute das Rathaus befindet. Die Vorteile der weitläufigen Parklandschaft des Praters wurden in der ersten Planungsphase durch die permanente Überschwemmungsgefahr der Donau stark beeinträchtigt. Erst die 1870 begonnene und 1875 vollendete Donauregulierung schuf die notwendigsten Voraussetzungen. Bereits 1873 konnte das neue Strombett teilweise eine Rückendeckung für die Ausstellung bieten.

Die wesentlichen Argumente der Gegner des Praters richteten sich auf die große Entfernung vom Stadtkern sowie die Feuchtigkeit des Bodens und damit auf dessen schlechte Eignung für die Errichtung der Gebäude. Doch schon die kaiserliche Entschließung vom 5. April 1866 für eine Weltausstellung in Wien im Jahr 1870 bestimmte ausdrücklich den Prater als Ort der Veranstaltung. Es blieb somit nur mehr die Frage offen, welcher Teil des Praters herangezogen werden sollte. Schließlich entschied man sich für das riesige Gelände der Krieau, das vom Volksprater bis zum Lusthaus reichte.

Der natürliche Zustand des Praters sollte erhalten werden, was durchaus im Interesse der Organisatoren der Weltausstellung lag, da man die Kulisse des „Praterwaldes" und den Rahmen der alten Bäume und Wege als zusätzliche Attraktion bei der Wahl des Ortes ins Kalkül gezogen hatte. Franz von Wertheim schilderte 1868 im Niederösterreichischen Gewerbeverein die Einzigartigkeit des Praters im Vergleich zu den vorhergegangenen Weltausstellungen:

Man stelle sich ferner vor, wie notdürftig und kümmerlich im Park zu Paris die künstlich dahin gepflanzten Bäume dastanden, und wie dagegen unser Prater mit seinen prächtigen Riesenbäumen, mit seinen herrlichen ungekünstelten Anlagen imponieren würde! Und wie praktisch annehmbar ist seine Lage, da die Linien aller Bahnen daselbst einmünden und die Wasserstraße von Westen und Osten benützbar ist.[138]

Im Ausland war der Prater als Vergnügungs- und Erholungsgebiet seit dem Wiener Kongreß bekannt und beliebt. Seit Kaiser Joseph II. 1766 das kaiserliche Jagdrevier der Öffentlichkeit zugänglich gemacht hatte, entwickelte sich der Prater und im besonderen der Wurstel- bzw. Volksprater zum beliebten Treffpunkt der Wiener. Am 1. Mai 1867 fand die Eröffnung der neu ausgebauten Hauptallee statt, die zum Sammelpunkt der „schönen Welt" wurde.[139] Der Prater befriedigte das Bedürfnis nach

Unterhaltung wie nach Ruhe und Erholung und kam so den Zwecken der Weltausstellung sehr entgegen.

Die direkte Nachbarschaft des Wurstelpraters zum Weltausstellungsgelände ließ den schon länger bestehenden Plan zur „Regulierung" dieses Praterteiles Realität werden. 1872 kam es zum zwangsweisen Abbruch desolater Praterbuden und zum Neubau regelmäßiger Häuserzeilen mit genau vorgeschriebenen Baulinien, die im wesentlichen bis heute erhalten blieben.[140] Ziel der Umgestaltung, mit der auch die Umbenennung von Wurstel- in Volksprater einherging, war es, das äußere Erscheinungsbild für die ausländischen Besucher attraktiver zu gestalten.

Die im Prater und in der Krieau bereitgestellte Ausstellungsfläche umfaßte insgesamt 2,330.631 m^2 und übertraf damit die letzte Weltausstellung in Paris 1867 um das Fünffache, die Weltausstellung in London 1862 sogar um das Zwölffache.[141] Das Gelände reichte von der Praterhauptallee bis zur parallel verlaufenden Eisenbahn und vom Volksprater bis zum Heustadelwasser, über dessen Grenze hinaus es im Laufe der Bauplanungen bis zum Lusthaus erweitert wurde.

Nach mehreren Debatten über die Konzeption der Anlage wurde schließlich die Durchführung eines von Schwarz-Senborn schon in Paris entworfenen Planes beschlossen. Dieser sah drei große Ausstellungshallen vor, und zwar eine Industrie-, eine Maschinen- und eine Kunsthalle. Zusätzlich war auch die Errichtung von Pavillons geplant, die dem Gelände den Charakter einer Ausstellungsstadt verleihen sollten.

Als zentrales Hauptgebäude sollte die Industriehalle den Großteil der Ausstellungsexponate in sich aufnehmen. Das Grundkonzept bildete ein „Fischgrätensystem", eine Anlage aus einer langgestreckten Halle, die durch Querschiffe durchbrochen wurde, sodaß zwischen diesen noch zu verbauende Innenhöfe entstanden. Schwarz-Senborn griff dabei auf ein älteres Konzept der Architekten van der Nüll und Siccardsburg zurück, das diese 1844 für die Österreichische Gewerbeausstellung von 1845 sowie für eine 1847 geplante, allerdings nicht zustande gekommene Ausstellung verwendet hatten.[142] Der besondere Vorteil dieses noch bei keiner Ausstellung verwendeten Fischgrätensystems lag in der gleichmäßigen Beleuchtung durch den Einfall des Seitenlichtes und der Möglichkeit einer einheitlicheren Raumaufgliederung, die freilich auf Kosten der inneren Baugeschlossenheit ging.[143] Auf diese Weise war eine geographische Anordnung der Nationen möglich, die in Übereinstimmung mit den tatsächlichen Himmelsrichtungen im Westen mit Nord- und Südamerika begann und im Osten mit China und Japan endete.

Die Monotonie der 950 m langen Industriehalle wurde in der Mittelachse durch die Rotunde unterbrochen, die dem Gesamtkonzept einen besonderen Akzent verlieh. Dieser gigantische Rundbau war vor allem für gesellschaftlich-repräsentative Zwecke gedacht. Als zentraler Orientierungspunkt der ganzen Anlage stellte die Rotunde gleichsam den geistigen Mittelpunkt dar.

Während die großen Hallen nach Ende der Weltausstellung wieder abgetragen werden sollten, um durch den Verkaufserlös einen Teil der Gesamtkosten zu decken, plante Schwarz-Senborn, die Rotunde als „Symbol des materiellen und ideellen Gewinnes" für Wien zu erhalten.[144] Sie sollte zu einem Wintergarten umgebaut werden und als Ort verschiedener Veranstaltungen und Vergnügungen dienen.

1871 gelang es Schwarz-Senborn, Karl von Hasenauer als Chefarchitekt zu gewinnen. Als Schüler von van der Nüll und Siccardsburg zählte er zu den bedeutendsten Vertretern des „dekorativen Geschmacks" der Makartzeit und galt gleichzeitig als einer der produktivsten Architekten der Ringstraßenära. Die Leitung der dekorativen Ausschmückung übernahmen die Professoren des Österreichischen Museums Josef Storck und Ferdinand Laufberger. Chefingenieur war der Eisenbahn- und Maschinenbauingenieur Wilhelm Engerth.

Das gewählte Konzept erhielt durch das Fischgrätensystem und die Rotunde die gewünschte Originalität und räumte gleichzeitig der Kunst erstmals ein eigenes Gebäude ein. Der Plan einer Maschinenhalle dagegen entsprach praktischen Überlegungen, da die aufgestellten Maschinen auch in Betrieb vorgeführt werden sollten. So konnte auf anschauliche Weise der Grundgedanke der Weltausstellungen, die Dokumentation des industriellen Fortschritts, sichtbar gemacht werden.

Die Errichtung eines zentralen Ausstellungsgebäudes ging auf die Initiative Schwarz-Senborns zurück. Das Konzept für einen kreisrunden Kuppelbau — der Rotunde — stammte von dem englischen Schiffsbauingenieur John Scott-Russel, dessen skizzenhafte Entwürfe und ungenaue Berechnungen jedoch von dem Architektenstab unter Hasenauer umgearbeitet und neu erstellt werden mußten.[145] Die Durchführung der technisch schwierigen Eisendachkonstruktion wurde der deutschen Firma Johann Kaspar Harkort aus Harkorten bei Duisburg am Rhein übertragen. Mit einer Spannweite von 108 m war die Rotunde der größte Kuppelbau der Welt und übertraf in ihrem Durchmesser sogar den Petersdom in Rom; 27.000 Menschen konnten darin bequem Platz finden. Die Höhe des Baues maß mit 84 m um nur 15 m weniger als die Türme der Votivkirche. Das aus Eisenplatten bestehende trichterförmige Dach wurde von 32 m hohen Säulen getragen.[146] Diese lampenschirmartige Zeltdachkonstruktion galt als herausragende Leistung der Eisenbautechnik. Zur besonderen Attraktion wurde der Aufstieg an der Außenseite des Daches auf die Spitze der Rotunde mittels eines hydraulischen Aufzuges und Steigleitern ermöglicht, die den Blick auf das gesamte Ausstellungsgelände und Wien freigaben.

Auf eine reichere Ausgestaltung des Innenraumes mußte vor allem aus Zeitgründen verzichtet werden. Als einziger Schmuck zierte ein prachtvoller und raumbeherrschender Springbrunnen die Mitte der Rotunde, ein Ausstellungsobjekt des Pariser Erzgießers Antoine Durénne. Der Brunnen fand als Qualitätsbeispiel französischer Gußeisenindustrie große Bewunderung bei den Besuchern. Nach dem Ende der Ausstellung, 1874, kaufte die Stadt Graz den Springbrunnen und stellte ihn im dortigen Stadtpark auf, wo er sich auch heute noch befindet.[147]

Der erst nach Überwindung zahlreicher technischer und finanzieller Schwierigkeiten zustandegekommene Bau der Rotunde stand permanent im Schußfeld der öffentlichen Kritik. Abgesehen von offenkundigen Fehlern der Generaldirektion bei Konzeption und Durchführung wurde die eigenwillige Form des Rundbaues als stadtbildprägendes Monumentalwerk von der Wiener Bevölkerung nicht akzeptiert. Bezeichnungen wie „architektonisches Monstrum", „plumper Koloß", „umgekehrter Blechtrichter", „riesiger Narrenturm" oder „Guglhupf" in der Tages- und humoristischen Presse zeigen die skeptische Haltung, die dem nunmehr dritthöchsten Gebäude Wiens entgegengebracht wurde.[148] Äußerst scharfe Kritik übte auch Graf Wickenburg in seinen Memoiren:

Es (das Rotundengebäude) war ästhetisch und architektonisch ein Ungeheuer. Unsere ersten Fachmänner überschütteten es mit Worten des Tadels und Professor Hansen war darüber so entrüstet, daß er seinen Austritt aus der Baukommission ankündigte.[149]

Nicht nur die Form, sondern auch die aus Platzgründen notwendig gewordene Verwendung der Rotunde als Ausstellungshalle wurde als störend und unrepräsentativ empfunden. Man verglich das Innere mit einem „Trödelmarkt" oder „kolossalen Bazar" und sah darin nichts als ein großes „Tohu-wa-bohu".[150] Dennoch hinterließen die gigantischen Dimensionen des Innenraumes bei allen Besuchern einen derartig nachhaltigen Eindruck, daß die Rotunde sogar ein achtes Weltwunder oder im Volksmund, in Anspielung auf sakrale Vorbilder, „Unsere neue Heilige" und „Santa Rotunda" genannt wurde.[151]

Wie der Industriepalast innen und außen besonders schlicht gestaltet war und nur die großen Hauptportale eine künstlerisch-dekorative Form erhalten hatten, so blieb auch der zweitgrößte Bau der Weltausstellung, die ebenfalls nach geographischen Prinzipien eingeteilte Maschinenhalle, auf rein funktionelle Verwendungszwecke hin ausgerichtet.[152] Mit 797 m Länge und 48 m Breite bot diese den Besuchern ein buntes Bild:

Wir fanden daselbst Eisenbahn- und Tramwaywaggons, reich ausgestattete zierliche Wagen, prächtige Locomotive, Dampffeuerspritzen, Näh-, Stick- und Webemaschinen, Straßenlocomotive, Signalapparate, eiserne Riesen und Zwerge bunt nebeneinander, wie sie der nimmermüde Geist des Menschen erdacht hat, um Feuer und Eisen für sich arbeiten zu lassen.[153]

Die im Osten durch gedeckte Gänge mit dem Industriepalast verbundene vierschiffige Kunsthalle umschloß einen kunstvoll gestalteten Platz, den „Kunsthof", in dessen Zentrum sich der vielbestaunte Achmedbrunnen des osmanischen Reiches befand, eine prachtvolle Nachbildung des Originals in Konstantinopel. Beim Bau der Kunsthalle erprobte der Chefarchitekt Karl von Hasenauer ein völlig neuartiges Beleuchtungssystem, dessen Ergebnisse er später bei den Hofmuseen verwendete: Oberlichten, Seitenfenster und Glasöffnungen im Dach sollten eine gleichmäßigere Lichtzufuhr gewährleisten.[154]

Im Gegensatz zu den bisher genannten Hallen wurden die zwei kleineren Kunstpavillons zur Gänze aus Ziegeln errichtet, um durch eine solidere und schönere Bauweise ihrer Funktion als Aufbewahrungsort für wertvolle Kunstgegenstände gerecht zu werden.

Die drei für die Unterbringung landwirtschaftlicher Maschinen und Produkte nach den Plänen des Architekten Moritz Hinträger errichteten „Agriculturhallen" erhielten ihre innere Ausschmückung durch den jungen Otto Wagner, der damals noch im Atelier des Architekten Ludwig Förster arbeitete.[155]

Ein hervorragendes Beispiel für die Leistungsfähigkeit der österreichischen Wirtschaft und Kunst schufen Wiener Industrielle und Gewerbetreibende mit einem dem Kaiserpaar gewidmeten Pavillon.[156] Auf eigene Kosten übernahmen 73 der bekanntesten und bedeutendsten Vertreter der Ringstraßenära Planung und Durchführung dieses „Kaiserpavillons", der am 26. August 1873 offiziell dem Kaiser übergeben wurde.[157] Die Firmen J. & L. Lobmeyr, Anton Biró, Konrad Bühlmayer, Karl Giani, Philipp Haas und Söhne und Bösendorfer wirkten an der Innenraumgestaltung mit.

Rund 200 weitere Pavillons und Gebäude vermittelten den Eindruck einer unüberschaubaren Ausstellungsstadt. Südlich des Industriepalastes entlang der „Elisabethavenue" lagen die schönsten und repräsentativsten Bauten wie der Pavillon des Kaisers von Rußland oder die italienische Villa des Fürsten von Monaco. Einen besonderen Reiz der Ausstellung bildeten die nach thematischen Gesichtspunkten geordneten Gebäudegruppen wie das orientalische Viertel mit einer ägyptischen Moschee und einem japanischen Garten oder das „Ethnographische Dorf", eine Ansammlung mehrerer Bauernhäuser.

Die Frage der Beleuchtung des Ausstellungsgeländes stellte die Generaldirektion vor erhebliche Schwierigkeiten. Zum ersten Mal sollte der gesamte Prater statt mit den bisherigen Öl- oder Petroleumlampen mit Gas beleuchtet werden. In Ermanglung einer österreichischen Firma mußte die schwierige Verlegung der Gasrohre einer zwar monopolisierten, vom Großteil des Gemeinderates unter der Führung von Julius Hirsch aber heftigst kritisierten englischen Gasgesellschaft, der „imperial continental gas association", übertragen werden. Tausende Gasflammen wurden installiert, wobei die Gemeinde Wien einen Teil der Kosten dieser öffentlichen Beleuchtung übernahm.[158] Für die Wasserversorgung des Ausstellungsgeländes wurden drei eigene Wasserwerke und ein Wasserturm errichtet, die einwandfreies Wasser aus den unteren Donauschotterschichten förderten. Ihre Kapazität übertraf die große Teile Wiens versorgende Kaiser-Ferdinand-Wasserleitung um das Drei- bis Vierfache.[159]

e. Ein architektonischer Exkurs

Die Ausstellungsgebäude der zweiten Hälfte des 19. Jahrhunderts erhielten durch die Verwendung neuer künstlerischer und architektonischer Gestaltungsmittel epochale Bedeutung. Diese ersten repräsentativen, öffentlichen Nutzbauten großen Stils standen ganz im Zeichen der sich seit Beginn des Jahrhunderts entwickelnden Glas-Eisenkonstruktionen. Stellte der von Sir John Paxton für die Londoner Weltausstellung entworfene Kristallpalast einen Markstein für die Geschichte der internationalen Ausstellungsarchitektur dar, so kann ähnliches nur von den Gebäuden der Pariser Weltausstellung 1889, dem Eiffelturm und der „galérie des machines", behauptet werden.

Die Gebäude der Wiener Weltausstellung kennzeichnete die Verwendung historisierender Stilformen, die die Stahl-Eisenkonstruktionen hinter die Fassade zurückdrängten. Vom Standpunkt der internationalen Ausstellungsarchitektur fällt die Wiener Exposition 1873 damit in die Phase jener Entwicklung, die sich nach dem aufsehenerregenden Beginn der Glas-Eisenbauten 1851 sehr bald vom reinen Funktionalismus ab- und ornamental-dekorativen, historisierenden Stilmitteln zuwandte.[160] Funktionale Nutzbauten traten erst 1889 wieder in den Vordergrund.

Entscheidend für die Gestaltung der Ausstellungsbauten im Prater wurde die Haltung der führenden Wiener Architekten Theophil Hansen und Heinrich Ferstel gegenüber der Verwendung dieser neuen Baumaterialien. Das Eisen galt a priori als ungeeignetes künstlerisches Ausdrucksmittel, das erst durch eine angepaßte Verkleidung mittels traditioneller Baumethoden die notwendige stilistische Ausprägung erhielt. Im Jahr 1883 wurde durch die Vorschreibung der Verkleidung von Eisenkonstruktionen der Zwiespalt zwischen Gerüst und äußerer Form zum Gesetz erhoben.[161]

Die Rotunde und der Industriepalast wurden zu den prominentesten Wiener Beispielen einer solchen mit Stilformen ummantelten Eisenkonstruktion. Gleichzeitig errichtete, weniger bekannte Nutzbauten im Stil der antikisierenden Renaissance waren der Südbahnhof (von Wilhelm Flattich 1869–1873), der Franz-Josephsbahnhof (1870) und der Nordwestbahnhof (1870–1873). Die gezielte Auswahl von Stilformen, die mit Zweck und repräsentativem Anspruch der Gebäude in Einklang standen, kann dabei als Charakteristikum der Architektur der Wiener Ringstraßenära betrachtet werden.

Der Rückgriff auf die italienische Renaissance für Expositionshallen hatte Vorbilder wie das im Anschluß an die Londoner Weltausstellung errichtete South Kensington Museum (seit 1899 Victoria & Albert Museum) oder das Dresdner Museum.[162] Gottfried Semper sah in der organischen Vereinigung griechischer Einzelformen und römischer Baukunst die ideale, modernen Ansprüchen genügende Bauform.[163] Heinrich Ferstel schuf in Wien mit dem Österreichischen Museum die erste gelungene

Nachahmung. Ebenso war der Chefarchitekt der Wiener Weltausstellung Karl von Hasenauer ganz dieser Tradition verpflichtet, wie der 1871 begonnene Bau der Hofmuseen beweist.

Die Wahl eines der prominentesten Architekten der Ringstraßenära zeigt die enge Verbundenheit des Weltausstellungsunternehmens mit dem Stadterweiterungsprojekt; so erprobte Hasenauer in der Kunsthalle erstmals neue Beleuchtungsmethoden, die dann später beim Bau des Kunsthistorischen Museums erfolgreich angewandt wurden. Im Gegenzug deklarierten die Organisatoren der Weltausstellung die noch unfertige Ringstraße als attraktives Ausstellungsobjekt und propagandistisches Zugmittel zur Anlockung eines möglichst großen Besucherstromes. Obwohl die Ausstellungsstadt im Prater räumlich von den übrigen Stadterweiterungsprojekten getrennt war, fand eine intensive wechselseitige Beeinflussung statt. Über die stilistische Verwandtschaft der Ausstellungsbauten mit denen der Ringstraße schrieb Friedrich Pecht, daß diese Bauten

so ganz denen entsprachen, die man überall der Ringstraße entlang sich in Wien selber erheben sah und die, dank dem Genie Ferstels, Hansens, Schmidts, wie Sempers und Hasenauers die heutigen Wiener Neubauten zu den architektonisch bedeutendsten der Gegenwart machen.[164]

Neues hinsichtlich des damaligen Entwicklungsstandes der historischen Stilformen schuf Hasenauer durch die Anwendung pompöser Barockformen für die Monumentalportale zum Industriepalast und der Rotunde. Diese wie Triumphbögen im antiken Stil konstruierten Eingangstore stellten ein wesentliches Merkmal der gesamten Anlage dar.

Von den vier Toren zum Industriepalast war das Südportal das imposanteste. Die reiche Skulpturendekoration stammte von bekannten Wiener Bildhauern und Künstlern. Die Entwürfe sämtlichen figürlichen Schmuckes fertigte der Professor für dekorative Malerei an der Kunsthochschule in Wien, Ferdinand Laufberger, an.

Das Südportal zeigte Figuren des Wohlstandes und Friedens von Franz Koch, vier „Kinderfriese" genannte Reliefs des aus Frankreich stammenden Bildhauers Gustave Deloye,[165] Portraitmedaillons des Kaiserpaares von Julius Donath, Figuren der Austria und Hungaria von Eduard Hellmer, ein Glasgemälde von Karl Geyling mit Austria zwischen Frieden und Überfluß und als Krönung eine Figurengruppe von Vinzenz Pilz, eine von Gerechtigkeit und Geschichte flankierte Austria, die Völker und Nationen zu sich einlädt.[166]

Die allegorische Darstellungsweise unterstrich den repräsentativen, völkerverbindenden Charakter der Ausstellung, Schlagworte wie Friede, Wohlstand und Überfluß betonten die Errungenschaften des liberalen Bürgertums, das sich hier selbst feierte. Auch Handel und Gewerbe fanden als tragende Säulen des Fortschritts mehrfache Darstellung im dekorativen Beiwerk der Gebäude. Die das ganze Gelände überstrahlende österreichische Kaiserkrone auf der Spitze der Rotunde stellte das Ausstellungsunternehmen symbolisch unter imperialen Schutz.

Abb. 1: Das Gelände der Wiener Weltausstellung 1873 aus der Vogelschau, Aquarell von Franz Alt; im Vordergrund die Praterhauptallee, im Hintergrund die neuregulierte Donau.

Abb. 2: Die Rotunde mit dem Südportal. Sie war 1873 der größte Kuppelbau der Welt und übertraf mit einer Spannweite von 108 m den Petersdom in Rom. Zuerst von den Wienern wegen ihrer eigenwilligen Form als „architektonisches Monstrum" und „Guglhupf" verspottet, wurde die Rotunde bald zum zweiten Wahrzeichen Wiens. Erst 1937 fiel sie einem Brand zum Opfer.

Abb. 3: Der Organisator der Weltausstellung und deren Generaldirektor Dr. Wilhelm Freiherr von Schwarz-Senborn (1816–1903).

Abb. 4: Der Kaiserpavillon, ein Geschenk führender österreichischer Industrieller und Gewerbetreibender an den Kaiser; im Vordergrund Kaiser Franz Joseph und Kaiserin Elisabeth inmitten der Besucher.

Abb. 5: Der Haupteingang in der Praterhauptallee mit Blick auf die Rotunde und das Südportal.

Abb. 6: Am 1. Mai 1873 eröffnete Kaiser Franz Joseph in der Rotunde die Weltausstellung.

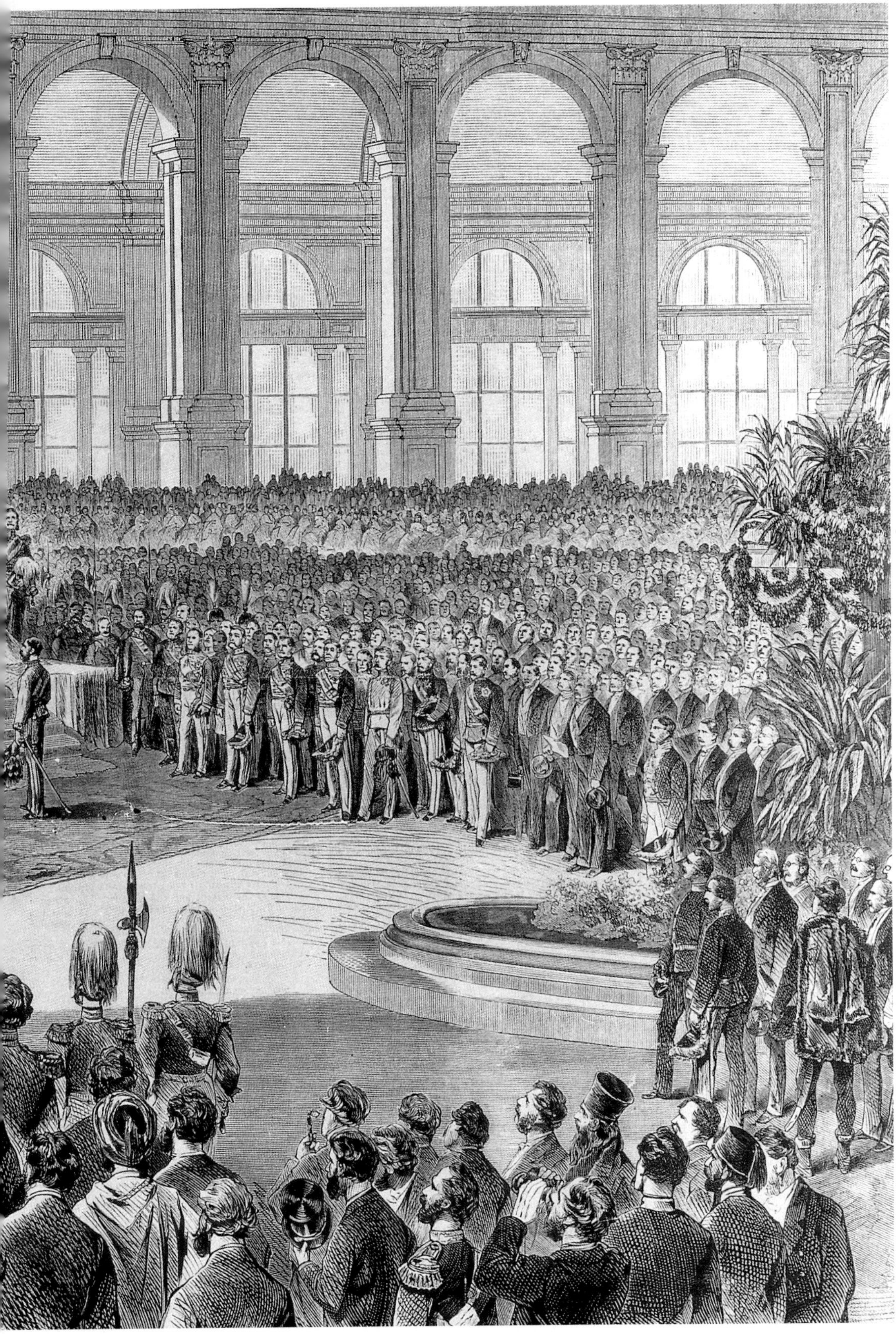

Abb. 7: Die Glas- und Lusterausstellung der Wiener Firma J. & L. Lobmeyr im Industriepalast.

Abb. 8: Die französische Kunstgewerbeausstellung im Industriepalast, hier die mit einem Ehrendiplom ausgezeichnete Pariser Firma Christoffle & Cie., die kunstvoll gefertigte Vasen, Kerzenleuchter und Kandelaber präsentierte.

Abb. 9: Kaiser Franz Joseph führt den deutschen Kaiser Wilhelm I. durch die Ausstellung, hier in der Rotunde.

Abb. 10: Der gigantische Innenraum der Rotunde maß rund 8.000 m² und diente sowohl als zentraler

Treffpunkt für die Besucher als auch als Ausstellungshalle für Österreich und das Deutsche Reich.

Abb. 11: Die ungarische Ausstellung im Industriepalast, hier Stühle und Möbel aus gebogenem Holz der Gebrüder Thonet, die auch bei Österreich ausstellten. Die bei früheren Weltausstellungen errungenen und hier gezeigten Auszeichnungen hatten den Aufstieg der Firma Thonet wesentlich beschleunigt.

Abb. 12: Die Innenansicht der Längsgalerie des Industriepalastes mit Schaukästen.

Abb. 13: Der Pavillon des St. Marxer Bierbrauers Ignaz Adolf Mautner & Sohn.

Abb. 14: Die „Neue Freie Presse" zeigte in einem eigenen Pavillon erstmals eine Schnellpresse – eine Rotationsmaschine –, die 10.000 Bogen Papier stündlich druckte. Die „Internationale Ausstellungszeitung", eine Sonderbeilage der „Neuen Freien Presse" zur Wiener Weltausstellung, wurde hier vor den Augen der Besucher redigiert, gesetzt, gedruckt und gefalzt.

Abb. 15: Das Palmenhaus – ein funktioneller Eisen-Glasbau des Wiener Eisenwarenfabrikanten Robert Philipp Waagner.

Abb. 16: Der von Heinrich von Ferstel entworfene Triumphbogen der Wienerberger Ziegelfabriks- und Baugesellschaft des Wiener Großindustriellen Heinrich Ritter von Drasche.

Abb. 17: Maschinen und technische Neuheiten wurden auch in Betrieb den Besuchern vorgeführt; rechts im Hintergrund die Maschinenhalle und die Rotunde.

Abb. 18: Die österreichische Maschinenhalle, in der Industrielle wie die Maschinen- und Lokomotivfabrikanten Anton Freissler und Georg Sigl ihre neuesten Produkte vorstellten.

Abb. 19: Kanonen und Geschosse im Pavillon des deutschen Fabrikanten Friedrich Krupp.

Wunder der

Maschine Bigalawaja zur schnellen Demolirung von Opernhäusern.

Egyptische Ausstellung, vollständig mit allen kleinen Annehmlichkeiten.

Ausdehnung der allgemeinen Wehrpflicht auf's Meer: ein einjährig freiwilliger Wallfisch auf dem Exercierplatz.

Lufttramway mit Garantie gegen Entg. Weltausstellung, sondern auch die Weltausstellung

ltausstellung.

Cavallerie-Musikbande mit Pferde-Ersparniß.

Cürraßballon für Handlungsreisende in Blut und Eisen.

mit der Fähigkeit, nicht nur die Gäste für die
mitzunehmen.

Eine Armee aus Eisen ohne Blut.

Beweis, daß auch in China die Eisenbahnen von
Chinesen geleitet werden.

Abb. 21: Die Maschinenabteilung des Deutschen Reiches mit einer kugelförmigen Raffiniermaschine des weltberühmten Berliner Fabrikanten Carl-Justus Heckmann.

4. GROSSEREIGNIS WELTAUSSTELLUNG

a. Eröffnung und Besucher

Der 1. Mai, traditioneller Tag der Praterfeste zu Frühlingsbeginn, erschien als idealer Termin für die Ausstellungseröffnung. Die ausschließlich für die Sommermonate geplanten Weltausstellungen des 19. Jahrhunderts wurden generell von Mai bis Oktober abgehalten.

Die mit äußerster Spannung erwartete Eröffnung trieb im letzten Moment die Bautätigkeit im Prater noch einmal in die Höhe. Das Spekulationsfieber heizte die hektische Stimmung weiter an. Alle Erwartungen und Anstrengungen richteten sich auf diesen Tag, von dessen Gelingen man den Erfolg des gesamten Ausstellungsunternehmens sowie das Eintreffen eines großen Kapitalzustromes erhoffte. Schließlich eröffnete Kaiser Franz Joseph am 1. Mai 1873 in Anwesenheit der Mitglieder des Kaiserhauses, fürstlicher Gäste, höchster Würdenträger sowie Regierungsmitglieder die Weltausstellung im Rahmen eines feierlichen Festaktes. Lediglich die Vertreter der Kirche fehlten.

Um 11 Uhr begann die „große Praterauffahrt", die von den Wienern vor allem wegen der in Nationaltrachten erschienenen Regierungsvertreter Japans, Persiens und anderer Länder mit größtem Interesse verfolgt wurde.[167] Die Eröffnungszeremonie in der Rotunde selbst fand dagegen unter Ausschluß der Öffentlichkeit statt. Der Eintritt zur Besichtigung der ganzen Ausstellung kostete an diesem Tag 25 Gulden gegenüber 1 Gulden oder 50 Kreuzer an gewöhnlichen Tagen.

Die Festredner hoben die Bedeutung der Wiener Weltausstellung als völkerverbindendes Friedensfest und herausragende Leistung des Fortschritts zur Förderung des Wohlstandes der gesamten Menschheit hervor. Man war stolz, den Blick der Weltöffentlichkeit auf Österreich gelenkt zu haben. Die rege persönliche Teilnahme des Kaisers wurde als Krönung des Unternehmens empfunden.[168]

Nach dem offiziellen Festakt machten die allerhöchsten Herrschaften einen ersten Rundgang durch die Ausstellung. Während die „alten hochstämmigen Silberpappeln und andere Prachtexemplare von Baumriesen" der Weltausstellung einen einmaligen Rahmen verliehen, fiel das unfertige Innere der nur provisorisch zur Eröffnung adaptierten Rotunde eher negativ auf.[169] Die gesamte Anlage war am 1. Mai noch in einem äußerst chaotischen Zustand; Teile der Ausstellung und einige Pavillons wurden sogar erst im Juni oder Juli eröffnet. Trotz emsiger Bautätigkeit den ganzen Winter über waren zahllose Gerüchte über eine Verschiebung des Eröffnungstermines aufgekommen.[170] Schließlich war man froh, den einmal festgesetzten Termin doch eingehalten zu haben.

Nun konnte das glanzvolle Schauspiel beginnen, das seit Jahren so viel Anstrengung gekostet und seine Schatten vorausgeworfen hatte. Die Wiener Exposition war hinsichtlich der Fläche und der Teilnehmerzahl, allerdings auch der Kosten, eine Ausstellung der Superlative. In bis dahin ungekanntem Ausmaß widmete sie sich dem friedlichen Wettstreit der Völker und Nationen und sollte in kultureller und repräsentativer Hinsicht die glanzvollste aller bis 1873 abgehaltenen Weltausstellungen werden.

Die gesamte Wiener Presse begrüßte die erste Weltausstellung in Wien mit enthusiastischen Lobeshymnen. Sogar bislang opponierende Zeitungen wie das feudalkonservative „Vaterland" priesen die Ausstellung nun als kulturhistorisches Großereignis für den Fortschritt Österreichs.[171] Die Leitartikel der Tagespresse verherrlichten die Weltausstellung als patriotische Glanzleistung, Triumph der Technik und des Fortschritts sowie besonderen Ausdruck der Leistungen des gründerzeitlichen Wirtschaftsaufschwunges.

Doch bald begannen die ungünstigen äußeren Umstände die Ausstellungsbegeisterung zu dämpfen. Schon die unfertige Ausstellung am Eröffnungstag, die regnerische Witterung im Mai und ein Verkehrschaos infolge des Mangels an Fahrzeugen am 1. Mai – knapp davor konnte gerade noch ein Streik von 3.000 Fiakern um höhere Löhne beigelegt werden – waren ein schlechtes Omen.[172] Acht Tage nach der Eröffnung, am 9. Mai, kam es dann zum Börsenkrach. Die prekäre wirtschaftliche Situation wirkte sich schon im Mai auf die Besucherzahlen aus. Hier spielten allerdings auch die übertrieben hohen Nächtigungspreise der Wiener Hoteliers und Gastwirte eine wesentliche Rolle. Erst als sich die allgemeine wirtschaftliche Lage im Juni etwas entspannt hatte, stieg die Zahl der ausländischen Besucher wieder kräftig an, und auch die öffentliche Meinung besserte sich zugunsten der Weltausstellung.

Der Eintrittspreis betrug wochentags 1 Gulden, an Sonn- und Feiertagen 50 Kreuzer. Um allen Bevölkerungsschichten den Zutritt zu ermöglichen und wegen des schwachen Besuches im Mai, wurde der Preis schrittweise auf 50 Kreuzer herabgesetzt.[173] Eine Wochenkarte kostete 5 Gulden, eine Saisonkarte für Herren 100 und für Damen 50 Gulden. Ermäßigungen bekamen Studenten, Lehrer, Militärangehörige und Arbeitergruppen.[174]

Die Ausstellung war ganztägig von 9 bis 19 Uhr, ab 26. Juni auch bis 22 Uhr geöffnet. Das Gelände war so riesig, daß man nach den Berechnungen der Generaldirektion 40 Tage benötigt hätte, um alles zu sehen. Auf der gesamten Ausstellungsfläche wurden daher 12.000 Fauteuils und Stühle als Rastplätze aufgestellt, die gegen eine Gebühr von 5 bis 10 Kreuzern benützt werden konnten. Die Wiener Möbelfabrik Fischer & Meyer stellte eigens angefertigte „Rollsessel" und livrierte Lenker für einen bequemen Besuch der Ausstellung gegen eine Benützungsgebühr von 10 Gulden pro Tag zur Verfügung.

22 Restaurants und Cafés, die sowohl von österreichischen als auch ausländischen

Unternehmern errichtet und betrieben wurden, boten Gelegenheit zur Erfrischung und Stärkung. Die Liesinger Bierhalle war wegen ihrer niedrigen Preise und der damals noch seltenen Selbstbedienung besonders beliebt. Im ungarischen Weinhaus, der „Czarda", konnte man ungarische Nationalküche und Originalweine probieren. Die bekannte Restauration der Frères Provençaux wurde wegen ihrer „potencierten Pariser Preise" nur vom eleganten Publikum besucht.[175] Mit Ausnahme weniger Bierhallen und Weinhäuser verlangten die Restaurants und Cafés enorm hohe Preise.

Zu den eifrigsten und unermüdlichsten Besuchern zählte der Kaiser selbst. Nach den Schätzungen des „Neuen Wiener Tagblattes" besuchte er die Ausstellung ungefähr achtundvierzigmal, wobei er meist offizielle Gäste durch die Hallen und Pavillons geleitete. In Gesprächen mit den Ausstellern, für die das mündliche Lob des Kaisers die allerhöchste Auszeichnung bedeutete, zeigte er häufig persönliches Interesse. Auch der Protektor der Ausstellung Erzherzog Karl Ludwig und die übrigen Mitglieder des Kaiserhauses unterstützten als regelmäßige Gäste das Unternehmen.

Der Besuch regierender Fürsten verlieh der Wiener Weltausstellung sowohl gesellschaftlich-repräsentative als auch politische Höhepunkte. Die große Zahl der nach Wien gekommenen Fürsten wertete somit die Ausstellung in ihrer Gesamtbedeutung auf. Auf der Weltausstellung in Paris 1867 war es zum ersten Mal zu offiziellen Visiten regierender Fürsten in größerer Zahl gekommen. So hatten Kaiser Franz Joseph, Zar Alexander II. und König Wilhelm I. die französische Hauptstadt besucht. Die noch zahlreicheren Gäste der Wiener Weltausstellung waren dem Interesse zu verdanken, das im Ausland dem einladenden Kaiserhaus, im speziellen Kaiserin Elisabeth, entgegengebracht wurde, weiters den Bemühungen der österreichischen Regierung sowie dem Ruf Wiens als Stadt mit einem reichhaltigen kulturellen und gesellschaftlichen Leben. Hinsichtlich der Zahl der anwesenden Herrscher wurde die Weltausstellung häufig mit dem Wiener Kongreß von 1814/15 verglichen.

In den Sommermonaten des Jahres 1873 besichtigten 33 regierende Fürsten, 13 Thronfolger und 20 Prinzen die Wiener Weltausstellung.[176] Zu den bedeutendsten Herrschern gehörten der deutsche Kaiser Wilhelm I., Zar Alexander II. von Rußland, der italienische König Viktor Emanuel II. und der Schah von Persien. Weitere prominente Gäste waren König Leopold I. von Belgien, Fürst Nikolaus I. von Montenegro, die deutsche Kaiserin Augusta, Fürst Otto von Bismarck sowie der russische Staatskanzler Alexandr Michajlovič Gorčakov.

Die Weltausstellung stellte daher für die kaiserliche Familie eine Repräsentationsaufgabe ersten Ranges dar.[177] Sogar die bekannterweise öffentliche Auftritte scheuende Kaiserin Elisabeth kam bis Ende Juli ihren Pflichten als Gastgeberin getreu nach, zog sich aber ab diesem Zeitpunkt – nicht zuletzt wegen der Cholera – nach Payerbach bei Reichenau zurück.[178]

Meist blieben die „höchsten und allerhöchsten Gäste" drei bis sechs Tage in Wien, wobei sich nie gleichzeitig mehrere regierende Fürsten in der Reichshaupt- und Residenzstadt aufhielten. Die gesellschaftlichen Höhepunkte eines Fürstenbesuches bildeten die Besichtigung der Ausstellung, mehrere Hoffeste und -bälle, ein Opern- oder Theaterabend sowie eine Militärparade. Hinsichtlich der persönlichen Sicherheit der Staatsoberhäupter mußte bei der Visite Zar Alexander II. besonderer polizeilicher Schutz gewährt werden, weil dieser 1867 als Gast der Weltausstellung in Paris nur knapp einem Attentat entronnen war.[179]

Zweifellos zu den spektakulärsten, jedoch unpolitischen offiziellen Besuchen der Wiener Weltausstellung zählte der des Schah von Persien, Nāsir-ad-Dīn. Im Zuge einer Modernisierungswelle und Öffnung Persiens für den Westen unternahm der Schah mehrere Reisen nach Europa, die ihn außer nach London und Berlin auch nach Wien führten. Die geplante Bildungsreise sank allerdings bald auf das Niveau einer „albernen Vergnügungstour" herab.[180] Der Schah hielt sich Ende Juli/Anfang August mit einem höchst malerischen Gefolge von 57 Personen, darunter 14 Prinzen und Minister, Hofwürdenträger und Verwandte, in der Hauptstadt auf.[181] Die Vorliebe Nāsir-ad-Dīns für die Welt der Damen, einschließlich der Kaiserin Elisabeth, seine Unpünktlichkeit sowie Launenhaftigkeit, aber auch das „vandalische Hausen" seines Gefolges in Schloß Laxenburg, das nach dem Besuch renoviert werden mußte, beschäftigten die Tageszeitungen, die schon vor der Ankunft des Schah spaltenlange Artikel über dessen Eskapaden veröffentlicht hatten.[182] Das „urwüchsige Auftreten", die luxuriöse Kleidung und die prachtvollen, „mit nußgroßen Diamanten und faustgroßen Sternen übersäten" Uniformen des Schah faszinierten die Wiener.[183] Der Besuch diente ausschließlich der Unterhaltung, die Besichtigung der Ausstellung ermüdete Nāsir-ad-Dīn sehr rasch und interessierte ihn nur am Rande. In großzügiger Weise verlieh der Schah den persischen Sonnen- und Löwenorden, von dem sich allerdings nach seiner Abreise in vielen Fällen herausstellte, daß er entweder nicht echt oder bei dem Juwelier, der ihn angefertigt hatte, noch nicht bezahlt worden war.[184]

b. Ausstellerländer

Die Beteiligung möglichst vieler Nationen war eine wesentliche Voraussetzung für das Gelingen einer Weltausstellung. Österreich konnte mit der Teilnahme von mehr als 35 souveränen Staaten einen Rekord verbuchen. Ursachen hierfür waren die für den Westen wie den Osten in wirtschaftlicher, politischer und kultureller Hinsicht interessante geographische Lage Wiens, die zahlreichen Reisen der Erzherzöge Karl Ludwig und Rainer und mehrerer Ausstellungsmitarbeiter in den Orient sowie die weitverzweigten persönlichen und diplomatischen Kontakte des Generaldirektors Schwarz-Senborn ins Ausland. So bereiste Erzherzog Karl Ludwig

England, Deutschland und den Vorderen Orient; der Vizepräsident des Niederösterreichischen Gewerbevereins, Joseph Arenstein, Belgien, Norwegen, Dänemark und Rußland; und der Gründer und Direktor des Österreichischen Museums für Kunst und Industrie, Rudolf von Eitelberger, München und Berlin.[185]

Mit dem Erlaß des kaiserlichen Entschlusses von 1871 zur Abhaltung einer Weltausstellung in Wien ergingen vom Außenministerium an alle ausländischen Regierungen Einladungen. In einigen Ländern hatten sich bereits anläßlich der ersten Weltausstellung in London 1851 Kommissionen gebildet, die zu fixen Einrichtungen geworden waren. Da sie über eine entsprechende Ausstellungserfahrung verfügten, organisierten sie die Beteiligung an weiteren Expositionen. Besonders in den westlichen Industrieländern wickelten solche Kommissionen die Ausstellungsagenden mit der Generaldirektion in Wien ab. Die ersten Kontakte mit den ausländischen Regierungen wurden allerdings zumeist von den diplomatischen Vertretungen der Monarchie im Ausland, den k.u.k. Botschaften und Konsulaten, aufgenommen, deren Vertreter als Vermittler zwischen den Ländern und der Generaldirektion in Wien und auch als Weltausstellungskorrespondenten fungierten.[186] Vor allem die Konsulate in den orientalischen und ostasiatischen Ländern leisteten hierbei wertvolle Dienste.

Einen wichtigen Verhandlungspunkt stellte die zu Beginn noch offene Frage des Patentschutzes in Österreich dar, wovon nicht zuletzt Nordamerika seine prinzipielle Teilnahme abhängig machte.[187] Erst das Gesetz „über den zeitweiligen Schutz der auf der Weltausstellung des Jahres 1873 in Wien zur Ausstellung gelangten Gegenstände" vom 13. November 1872 garantierte den Ausstellern gesetzlichen Schutz vor einer Nachahmung ihrer Produkte.[188] Zur Klärung dieses Problems wurde in Wien während der Weltausstellung ein Patentkongreß abgehalten.

Insgesamt stellten folgende souveräne Staaten aus[189]:

Japanisches Kaiserreich
Chinesisches Kaiserreich
Siam (Thailand)
Persien (Iran)
Türkei mit Besitzungen:
    Vizekönigreich Ägypten
    Tunesien, arabische Halbinsel,
    etc.
Marokko
Griechenland
Rumänien
Rußland mit Besitzungen:
    Kaukasus, Chiwa,
    Turkestan
Vereinigte Staaten von Nordamerika
Brit.-Nordamerika (Kanada)
Hawaii (Sandwich-Inseln)

England mit Besitzungen:
    Brit.-Indien, Australien, Neuseeland, Ceylon, Bahama-Inseln, Kapland, Jamaika, Mauritius, Queensland, Trinidad, westafrik. Besitzungen
Frankreich mit Besitzungen:
    Algerien, Tahiti, Frz.-Indien,
    Frz.-Guayana, Neu-Kaledonien,
    Westafrika, Madagaskar, Martinique,
    Guadeloupe, Réunion, Senegal,
    Hinterindien (Cochinchina)
Niederlande mit Besitzungen:
    heutiges Indonesien (Java etc.),
    Ndl.-Guayana
Belgien
Dänemark mit Besitzungen in Übersee
Schweden

El Salvador
Guatemala
Venezuela
Kaiserreich Brasilien
Chile
Uruguay
Paraguay
Argentinien

Norwegen
Deutsches Kaiserreich
Österreich (Cisleithanien)
Ungarn (Transleithanien)
Schweiz
Italien
Spanien mit Besitzungen in Übersee
Portugal mit Besitzungen in Übersee
Monaco

Im wesentlichen können zwei Gruppen von Ausstellerländern unterschieden werden: die westlichen Industrieländer mit den Vereinigten Staaten von Nordamerika und die Länder des Orients und Fernen Ostens.

Für die westlichen Industrienationen stand die Präsentation wirtschaftlicher und kultureller Leistungen im Vordergrund, wobei mit der gesonderten Darstellung der Kolonien auch politische Ziele verknüpft wurden.

Die östlichen Kulturnationen nützten die Weltausstellung in erster Linie zur Vorstellung ihres Landes und zur Anknüpfung wirtschaftlicher und kultureller Kontakte mit dem Westen. Der Bogen dieser Staaten reichte von Marokko, Tunesien, Ägypten, der Türkei, Persien und China bis Japan. Für viele bedeutete das Ausstellen in Wien die erste direkte Aufnahme von Beziehungen mit dem Westen. Die noch zur Zeit der ersten Weltausstellung 1851 in London vorherrschende Angst, gegenüber der Leistungsschau Englands oder Frankreichs zu sehr abzufallen, schien überwunden. Waren Japan oder China schon auf der Pariser Weltausstellung 1867 vertreten, so gelang es der Generaldirektion der Wiener Weltausstellung, erstmals orientalische und fernöstliche Länder in großer Zahl für eine Exposition in Europa zu gewinnen. Die Ausstellungsleitung entfaltete in Zusammenarbeit mit dem Außenministerium und privaten Handelsorganisationen im Orient und in Ostasien eine intensive Tätigkeit.[190]

Als Leiter einer eigens eingerichteten Orientabteilung wurde der österreichische Generalkonsul in Konstantinopel, Hofrat Ritter von Schwegel, ernannt.[191] Das zu betreuende Gebiet reichte von Marokko bis China. In allen größeren Städten des Vorderen Orients, in Konstantinopel, Smyrna, Beirut und Alexandrien, wurden Büros der Spezialkomitees der orientalischen Abteilung eröffnet.

Die Reisen Schwegels beschränkten sich auf die Länder des Vorderen Orients. Es war nicht zuletzt sein Verdienst, daß sich das Vizekönigreich Ägypten in Wien mit einer ausgezeichneten Ausstellung beteiligte. Für den ostasiatischen Raum, im besonderen für Japan, China und Siam, konnte der erste ständig akkreditierte österreichische Missionschef in Tokio und Ministerialresident und Generalkonsul in Shanghai, Baron Heinrich von Calice, gewonnen werden.[192] Zahlreiche Reisen und Vorsprachen bei den Vertretern der einzelnen Regierungen bewirkten eine umfangreiche

Beteiligung Japans, Chinas und Siams.[193] Für den Transport stellte die österreichische Regierung sogar Linienschiffe der k.u.k. Kriegsmarine zur Verfügung.

Zur Vertiefung der wirtschaftlichen und kulturellen Kontakte Österreichs mit den Staaten des Ostens wurde ein „Comité für Orient und Ostasien" gegründet. Die Mitglieder dieses „Cercle Oriental" wollten die Ausstellung und die neu geknüpften Verbindungen für die Errichtung eines Orientalischen Museums in Wien nützen.

Wie schon bei den vorangegangenen Weltausstellungen das jeweilige Gastgeberland den Großteil der Ausstellung selbst bestritten hatte, überwogen auch in Wien die Exponate der Länder Österreichs. Von insgesamt ca. 53.000 Ausstellern entfielen ca. 9.000 auf Cisleithanien.[194] Für eine möglichst intensive und rege Beteiligung sorgten die Komitees und Kommissionen der Handels- und Gewerbekammern, wobei der Niederösterreichische Gewerbeverein und der Österreichische Ingenieur- und Architektenverein zu den aktivsten zählten.

Trotz der anfänglichen Weigerung Böhmens kam es zuletzt zur Teilnahme aller im Reichsrat vertretenen Königreiche und Länder. Auch das ursprünglich in einigen Provinzen vorhandene Desinteresse mancher Industrieller und Wirtschaftstreibender legte sich angesichts der verlockenden Chancen, Handelsbeziehungen aufzunehmen und Absatzmärkte zu erweitern. Für die meisten Unternehmer war die Anwesenheit auf der Weltausstellung eine Ehrensache. Die Beteiligung der einzelnen Kronländer spiegelte deren wirtschaftliche Verhältnisse wider.

Das Königreich Ungarn stellte wie in Paris 1867 auch in Wien als eigene Nation aus. Der Schwerpunkt der umfangreichen Präsentation dieses Agrarstaates lag auf den Gebieten der Land- und Forstwirtschaft. Transleithanien begann noch vor Österreich mit seinen Vorbereitungen und zählte mit 3.500 Ausstellern zu den am stärksten vertretenen ausländischen Nationen.

Das Deutsche Reich betrachtete die Wiener Weltausstellung als eine deutsche Veranstaltung. Eine großzügige staatliche finanzielle Unterstützung ermöglichte 8.000 Ausstellern die Teilnahme.[195]

Nach den militärischen und politischen Niederlagen von 1870/71 sagte Frankreich erst nach einigem Zögern zu. Mit einer Gesamtausstellerzahl von knapp 5.000 nahm das Kaiserreich nach Österreich und Deutschland den dritten Platz ein, wobei die Präsentation der Kolonien, im besonderen Algeriens, betont wurde.[196]

Die Beteiligung Großbritanniens war durch auffallende Zurückhaltung gekennzeichnet. Da man sich keinen Gewinn neuer Absatzmärkte in Wien versprach, gewährte die englische Regierung der Kommission unter Henry Cole nur unzureichende Geldmittel, sodaß der Mitorganisator Nathaniel Rothschild die Ausstellung aus privater Tasche zusätzlich finanzierte.[197] Obwohl die englische Abteilung die technische Fertigkeit in der industriellen und gewerblichen Produktion vorführte, kam die politische und wirtschaftliche Bedeutung Großbritanniens als Großmacht in erster Linie durch die Ausstellung seiner Kolonien, besonders Indiens, zum Ausdruck. Die übrigen Länder Europas wie Belgien, die Niederlande, Norwegen, Schweden, Dänemark, Spanien und Portugal waren eher schwach vertreten, weil die Absatzmöglichkeiten in Österreich nicht interessant genug schienen.

Die Präsenz Rußlands lag sowohl hinsichtlich der Teilnehmerzahl als auch der Qualität der Exponate und des Arrangements weit über jener früherer Weltausstellungen.[198] Zar Alexander II., der ja die Wiener Exposition persönlich besuchte, verfolgte eine auch in wirtschaftlicher Hinsicht offenere Politik, um handelspolitischen Anschluß an Westeuropa zu finden. Dieses Bemühen wird auch anhand der Ausstellung von Exportgütern, etwa von Nahrungs- und Textilerzeugnissen, sichtbar. Einen der interessantesten Beiträge der russischen Abteilung bildete die nationale Hausindustrie, darunter reiche Trachten und orientalische Teppiche der Provinzen Turkestan, Kaukasien sowie des eben erst eroberten Chanates Chiwa.

Für die Vereinigten Staaten von Nordamerika war die Bedeutung Wiens als internationaler Handelsumschlagplatz gering. Hohe Transportkosten und Unstimmigkeiten im Kongreß über die Beteiligung und Finanzierung dämpften das Interesse der Unternehmer.[199] Man betrachtete die Ausstellung vom rein kommerziellen Standpunkt und sandte lediglich Verkaufsartikel und keine Schaustücke wie die europäischen Nationen.[200] Aus dem Rahmen fiel das Engagement des Kaiserreiches Brasilien, das bereits 1868 mit den Vorbereitungen für einen Beitrag zur Weltausstellung begonnen hatte.[201]

Die Länder des Orients und Fernen Ostens präsentierten neben dem nationalen Kunstgewerbe ihre Landwirtschaft und Rohstoffe. Einige Abteilungen trugen bereits westliche Züge, da Organisation und Durchführung häufig in der Hand von im Orient lebenden europäischen Geschäftsleuten oder Diplomaten lagen. Mittels alter Bücher, Bilder und Kunstgegenständen wurden Geschichte und Kultur dokumentiert. Im Ausstellungsgelände entstand ein orientalisches Viertel mit Gebäuden im typischen Stil des jeweiligen Landes. Die Bauten waren komplett eingerichtet und zum Teil auch mit lebensgroßen Kostümpuppen ausgestattet.

Die ägyptische Schau profitierte von dem persönlichen Interesse, das der Vizekönig Ismael Pascha der Weltausstellung entgegenbrachte. Sie sollte die Ansprüche des Khediven nach politischer Unabhängigkeit gegenüber der türkischen Oberhoheit sichtbar zum Ausdruck bringen und präsentierte Rohstoffe, Gebrauchsgegenstände, statistisches Material über Geographie und Wirtschaft sowie Beispiele der Lebens- und Wohnkultur aus Ägypten und seinen südlichen Provinzen. Der berühmte Ägyptologe und deutsche Konsul in Kairo Prof. Dr. Heinrich Brugsch-Pascha bemühte sich als Kommissär in Wien um den Erfolg der ägyptischen Exposition.[202] Nur die äußerst großzügige finanzielle Unterstützung Ismael Paschas hatte die Errichtung der Repräsentationsbauten ermöglicht, die alle übrigen Pavillons des orientalischen Viertels überragten und dem Panorama des Ausstellungsgeländes einen exotischen Reiz verliehen. Die Gebäudegruppe umfaßte ein ägyptisches bürgerliches Wohnhaus, eine

Volksschule, ein Caféhaus und Bazare, ein arabisches Wohnhaus mit Harem, ein Herrenempfangszimmer (Mandara) Seiner Hoheit des Khediven, eine Moscheeanlage mit Kuppel und Minarett, ein altägyptisches Felsengrab und das Bauernhaus eines Ortsvorstehers.[203] Die Wohnräume schmückten üppige Diwans, zierliche Tischchen und prächtige Teppiche.

Die Beteiligung der Türkei war zwar wesentlich umfangreicher als jene Ägyptens, verblaßte aber angesichts der eindrucksvollen Prachtbauten des Khediven. In den Augen der Besucher erschien die erst spät eröffnete Exposition oberflächlich und uninteressant.[204] Neben einem Wohn- und Badehaus, einem Bazar sowie einem Beduinenzelt bildete ein Pavillon mit wertvollem Schmuck und Waffen des Sultans die Hauptattraktion.

Die nordafrikanischen Staaten Marokko und Tunesien, die erstmals auf einer Weltausstellung vertreten waren, verdanken das Zustandekommen ihrer Ausstellungen zur Gänze dem Engagement Privater, die auch die Kosten übernahmen. Für Tunesien kümmerte sich der Triester Bankier Ritter von Morpurgo-Nilma, der für seine Leistungen vom Pascha-Bey von Tunis zum Generalkommissär der Wiener Weltausstellung ernannt worden war, um die Beschickung der Exposition. Für Marokko organisierte der österreichisch-ungarische k.u.k. Konsul Dr. Maximilian Schmidl das Abtragen einer maurischen Villa und deren Wiederaufbau in der Ausstellung.[205]

In Persien, das gute diplomatische und kulturelle Beziehungen zu Österreich unterhielt, unterstützte der Schah die Teilnahme an der Wiener Weltausstellung. Regierungsstellen und private Unternehmer zeigten in dem von Wiener Firmen wie der Firma Wertheim mitfinanzierten persischen Pavillon Rohprodukte, Teppiche, Seidenwaren und Kostümpuppen.[206]

Ganz im Gegensatz zu den übrigen orientalischen Ländern entfaltete Japan rege Eigeninitiative. Der 1869 mit Österreich-Ungarn abgeschlossene Handelsvertrag gab dafür den entscheidenden Ausschlag.[207] War die Beteiligung an der Pariser Weltausstellung 1867 noch unprofessionell und dürftig ausgefallen, so prunkte Japan nun mit einer außerordentlich umfangreichen und dekorativen Schau. Das japanische Kaiserreich der Meiji-Ära, das durch wirtschaftliche und soziale Reformen einen Platz unter den Großmächten anstrebte, nützte die Weltausstellung so für seine Zwecke.

Bereits im Dezember 1872 fand in Tokio eine große Vorausstellung statt, auf der die für Wien ausgewählten Gegenstände gezeigt wurden.[208] Dabei legte die japanische Regierung auf eventuelle Exportartikel größtes Augenmerk.[209] Die Kollektion umfaßte sämtliche Gebiete der japanischen Kultur und reichte von Werkzeugen und Lebensmitteln bis hin zu Kunstgegenständen. 80 Japaner reisten schließlich mit über 6.000 Exponaten nach Wien. Mit Hilfe eigener Arbeiter errichtete man kleinere Pavillons und Gartenanlagen mit künstlichen Wasserläufen, Brücken und Hügeln. Im

Industriepalast wurde sogar eines der japanischen Nationalheiligtümer, der Tempel von Kyoto, nachgebildet.[210]

Die japanische Delegation unter Außenminister Iwakura Tomomi betreute der pensionierte Leiter des außenpolitischen Departementes Baron Max von Gagern, dessen Haus zum beliebten gesellschaftlichen Treffpunkt wurde. Die Japaner — unter ihnen auch eigens von der Regierung abgesandte Fachleute — zeigten umfassendes Interesse an den technischen Errungenschaften des Westens. Sie besuchten Schulen, Fabriken und Industriegelände in und außerhalb Wiens und wohnten der Grundsteinlegung des Wiener Rathauses im Juni 1873 bei.[211] Genaue Aufzeichnungen und der Ankauf von Maschinen sollten für die wirtschaftliche Entfaltung Japans genutzt werden. Der aufwendig gestaltete Ausstellungskatalog mit Bildband und Photographien galt lange Zeit als zuverlässigste Quelle zur Beurteilung der japanischen Verhältnisse im 19. Jahrhundert.[212]

Die Anwesenheit der Japaner führte zu einem regen Kulturaustausch, der sich auch im Einfluß der japanischen Ornamentik auf den österreichischen Jugendstil auswirkte.[213] Das 1872 in Tokio gegründete Kunst- und Industriemuseum nahm später Exponate von der Wiener Weltausstellung auf. Nach einigen Jahren wurde es in den Norden von Tokio verlegt, wo es noch heute als staatliches Museum Japans existiert.[214]

Im Gegensatz zu Japan lehnte China jegliche offizielle Beteiligung an einer Weltausstellung ab. Der chinesische Hof hielt wenig von der Idee des Wettbewerbs und der Schaustellung. Der Kaiser war der Ansicht, daß der Handel Sache der „untergeordneten Stände" sei, in deren Angelegenheiten er sich nicht einmische.[215] Die Ausstellung Chinas verdankt daher zum größten Teil ihr Zustandekommen der Initiative des österreichischen Generalkonsuls in Hongkong Gustav Ritter von Overbeck. Gemeinsam mit katholischen Missionen und der englischen Seezollbehörde zeigte Overbeck in der von ihm zusammengestellten Schau Rohprodukte wie Tee und typische chinesische Erzeugnisse wie Seidenstoffe, Lackwaren oder Elfenbeinschnitzereien.[216] Das Österreichische Museum für Kunst und Industrie und der Vorläufer des Völkerkundemuseums erwarben davon zahlreiche Stücke für ihre Sammlungen.

Die Bemühungen der Generaldirektion um eine erstmalige ausführliche Präsentation des Orients und Fernen Ostens auf einer Weltausstellung waren erfolgreich. Die Expositionen dieser Länder vermittelten ein lebendiges Bild fernöstlicher Kultur und brachten zahlreiche positive Ergebnisse wie die Anknüpfung von Handelskontakten.

c. Gang durch die Ausstellung

Die Formulierung eines offiziellen Ausstellungsprogrammes bildete die notwendige Voraussetzung für die Organisation und Beurteilung jeder Weltausstellung. Die Klassifizierung nach Sachthemen stellte für alle Veranstalter ein ungeheures Problem dar, waren doch die gesteckten Ziele sehr hoch. Entwicklung und Leistung der gesamten Menschheit sollten zur Darstellung gebracht werden.

Die erste Weltausstellung 1851 war noch dem bis dahin üblichen Schema lokaler Gewerbeausstellungen gefolgt. Erst im Zuge der Pariser Weltausstellung 1867 kam es zu einer wesentlichen Neuerung und Erweiterung des Programmes, das unter sozialen und ökonomischen Gesichtspunkten zusammengestellt wurde und erstmals auch kulturelle Aspekte berücksichtigte. Zehn Hauptgruppen umfaßten Themenbereiche wie Kunstwerke, „Instrumente und Verfahrensweisen der gewöhnlichen Productionszweige" – also Instrumente, Geräte oder Maschinen – und „Gegenstände, welche speziell in Absicht auf Verbesserung der physischen und moralischen Lage der Bevölkerung ausgestellt werden", womit Unterrichtsgegenstände, Möbel oder Volkstrachten gemeint waren.[217] Das in Ringe und Segmente unterteilte ellipsenförmige Pariser Ausstellungsgebäude sollte die gleichzeitige Aufteilung nach Ländern und Sachthemen ermöglichen. Weder die neue Raumgliederung noch das Klassifikationsschema haben sich jedoch bewährt.

Auch die Wiener Ausstellung stand nicht mehr vorrangig im Zeichen realwirtschaftlicher Anliegen wie Informationsaustausch, Präsentation technischer Neuheiten oder Absatzförderung. Sie sollte in größerem Umfang als bisher der geistigen Kultur und deren Förderung sowie der Kulturgeschichte Rechnung tragen.[218] Außerdem erfolgte eine genauere und übersichtlichere Unterteilung der Sachthemen, wobei jedoch der nationalen Aufgliederung der Vorzug gegeben wurde. Die Schau wurde in 26 Gruppen und 174 Sektionen gegliedert; fast ein Drittel der Sachgebiete beinhaltete kulturelle Fragen.[219]

Einteilung in Gruppen:
1 Bergbau- und Hüttenwesen
2 Land- und Forstwirtschaft, Wein- und Obstbau und Gartenbau
3 Chemische Industrie
4 Nahrungs- und Genußmittel als Erzeugnisse der Industrie
5 Textil- und Bekleidungsindustrie
6 Leder- und Kautschukindustrie
7 Metallindustrie
8 Holzindustrie
9 Stein-, Ton- und Glaswaren
10 Kurzwarenindustrie
11 Papierindustrie
12 Graphische Künste und gewerbliches Zeichnen
13 Maschinenwesen und Transportmittel
14 Wissenschaftliche Instrumente
15 Musikalische Instrumente
16 Heereswesen
17 Marinewesen

18 Bau- und Civilingenieurwesen
19 Das bürgerliche Wohnhaus mit seiner inneren Einrichtung und Ausschmückung
20 Das Bauernhaus mit seinen Einrichtungen und seinem Geräthe
21 Nationale Hausindustrie
22 Darstellung der Wirksamkeit der Museen für Kunstgewerbe
23 Kirchliche Kunst
24 Objekte der Kunst und Kunstgewerbe früherer Zeiten, ausgestellt von Kunstliebhabern und Sammlern („Exposition des amateurs")
25 Bildende Kunst der Gegenwart
26 Erziehungs-, Unterrichts- und Bildungswesen

In den ersten Gruppen, vom „Bergbau- und Hüttenwesen" bis hin zu den „Musikalischen Instrumenten", wurden die Leistungen der Technik, Wirtschaft und Wissenschaft zusammengefaßt, die bis dahin fast ausschließlich den Inhalt der Weltausstellungen gebildet hatten. Es wurden nicht nur Roh- und Fertigprodukte, sondern auch Verarbeitungsmethoden und Verfahrensweisen dargestellt. Zur besseren Anschaulichkeit wurden Versuche mit Dampfmaschinen, Straßenlokomotiven, Drahtseilbahnen und Aufzügen vorgenommen sowie die Anwendung des elektrischen Lichts und die Benützung der Luftschiffahrt vorgeführt.[220] Statistisches Material gab die theoretischen Erläuterungen zu den Exponaten.

Besonderes Gewicht legten die Veranstalter auf diejenigen Sektionen, die sich sozialen und kulturellen Fragen annehmen sollten.[221] In der Abteilung „Bau- und Civilingenieurwesen" wurden hauptsächlich gesundheitliche Einrichtungen wie Stadtkanalisierungen, Spitäler, Badeanstalten sowie Heizungen oder Ventilationen gezeigt. Beispiele des Kunstgewerbes und der bildenden Kunst waren in den Gruppen „Das bürgerliche Wohnhaus", „Das Bauernhaus", „Nationale Hausindustrie", „Darstellung der Wirksamkeit der Museen für Kunstgewerbe", „Kirchliche Kunst", „Kunst und Kunstgewerbe aus Privatbesitz" sowie „Bildende Kunst der Gegenwart" zu sehen. Eine der wichtigsten kulturellen Abteilungen widmete sich dem „Erziehungs-, Unterrichts- und Bildungswesen". Hierbei ging es, von der Kindererziehung über sämtliche Formen des Unterrichts- und Schulwesens bis hin zur Erwachsenenbildung, um die geistigen, gesellschaftlichen und politischen Dimensionen. Zahlreiche Musterbauten, ergänzt durch statistische Darstellungen und Vorträge, sollten den Gewerbetreibenden und Arbeitern Lernmöglichkeiten und Hilfestellungen zur Verbesserung ihrer wirtschaftlichen und sozialen Lage bieten, daneben aber auch sittliche Erziehung und Charakterbildung in allen Bevölkerungsschichten gefördert werden. Diese Bemühungen wurden von Wirtschaft und Industrie sehr begrüßt, da die berufliche Weiterbildung der Kleingewerbetreibenden und Arbeiter für die Spezialisierung der industriellen Fertigung und Verbesserung der Qualität sehr wichtig war.[222]

Die Weltausstellung in Wien war Sache des österreichischen Wirtschafts- und Bildungsbürgertums, das in sämtlichen Kommissionen zahlenmäßig überwog und so die thematische Gestaltung des Ausstellungsprogramms entscheidend prägte. Im kulturellen Teil des Ausstellungsprogrammes kamen daher ausschließlich bürgerliche Wertvorstellungen zum Ausdruck. Insbesondere sind hier die positive Einstellung zu Arbeit und Leistung, der Glaube an einen kontinuierlichen Fortschritt, die Wertschätzung der Bildung, der schönen Künste und Wissenschaften sowie die Betonung des gesellschaftlichen und sozialen Wertes der Familie zu nennen.[223] Diese Tatsache erhält besonderes Gewicht, wenn man bedenkt, daß die Ausbildung einer bürgerlichen Kultur und Lebensführung im 19. Jahrhundert ein wesentliches Mittel für den Zusammenhalt und die Abgrenzung des Bürgertums gegenüber dem Adel und der Arbeiterschaft darstellte.[224]

Ähnliche Leitlinien zogen sich durch das Rahmenprogramm mit ergänzenden Ausstellungen und Kongressen.

Die „additionellen Ausstellungen" sollten theoretische, volkswirtschaftliche und technologische Themen in ihren historischen Zusammenhängen behandeln. Dazu gehörten die Darstellung der Abfallverwertung und des Welthandels, die Geschichte der Erfindungen und Gewerbe, die Ausstellung der Cremoneser Instrumente und die Geschichte der Preisentwicklung. Diese Präsentationen hatten eher den Charakter von musealen Sammlungen, deren Bestände nach der Weltausstellung zum Teil in Bibliotheken und Museen Eingang fanden. Auf den „temporären Ausstellungen" wurden Teilbereiche der Landwirtschaft wie Lebendvieh (Rinder, Schafe, Schweine, Wild und Geflügel), Milchprodukte, Obst und Blumen in großer Zahl vorgeführt.

Weiters gehörten mehrere Vorträge über Volkswirtschaft und Kultur, die im Gebäude der internationalen Jury abgehalten wurden, zum Ausstellungsprogramm. Sie sollten es dem Besucher erleichtern, anhaltenden und praktischen Nutzen aus der Ausstellung zu ziehen. Die Themen reichten von der Veredelung des Geschmacks, der Erziehung und Ernährung des Kleinkindes, der Bildung und Erwerbstätigkeit der Frauen bis hin zur Erzielung des höchsten Nutzeffektes von Maschinen.

Der Vertiefung der in der Weltausstellung angeschnittenen Problemkreise dienten auch mehrere internationale Kongresse, die die Generaldirektion gemeinsam mit privaten Vereinen organisierte. Zu den wichtigsten zählten der internationale Patentkongreß sowie der kunsthistorische Kongreß, der von Rudolf von Eitelberger, dem ersten Ordinarius für Kunstgeschichte an der Universität Wien, geleitet wurde.[225] Für ein Fachpublikum fanden ein medizinischer und ein Blindenkongreß statt.

Die außerordentlichen Anstrengungen, dem Expositionsprogramm enzyklopädische Dimensionen zu verleihen, veranlaßten viele Zeitgenossen, die Wiener Schau als die erste eigentliche Weltausstellung zu bezeichnen.[226] Die verstärkte geistig-kulturelle und fördernde Komponente fand in der Abänderung des bis dahin gebräuchlichen Begriffes „Weltindustrieausstellung" auf „Weltausstellung" ihren Ausdruck.

Insgesamt waren an die 53.000 Aussteller in Wien vertreten. Die Wiener Weltausstellung zählte nicht zuletzt wegen ihrer Komplexität und gigantischen Ausmaße zu den bedeutendsten und beliebtesten der internationalen Expositionen des 19. Jahrhunderts. Ziel der Ausstellung war es ja, „das Culturleben der Gegenwart und das Gesammtgebiet der Volkswirtschaft darzustellen und deren weiteren Fortschritt zu fördern".[227] Der Bogen reichte dann auch von alltäglichen Belangen bis hin zu höchstentwickelten Gebieten der Technik.

Obwohl die Wiener Weltausstellung keine spektakulären neuen Erfindungen präsentieren konnte, zeigte sie dennoch eine ganze Reihe von Verbesserungen technischer Leistungen. Zu den wichtigsten Neuheiten zählte die von der deutschen Firma Siemens & Halske vorgeführte „stationäre Einrichtung zur Erzeugung von elektrischem Licht, bestehend aus einer großen Maschine, einer kleinen dynamo-elektrischen Maschine, einer elektrischen Lampe mit Fresnelschnen Linsen".[228] Es handelte sich dabei um die erste Bogenlampe mit Differentialregulierung, die vor der Weltausstellung patentiert worden war und in Wien der Fachwelt vorgestellt wurde.

Die Exponate wurden, nach Ländern geordnet, in den großen Ausstellungshallen untergebracht. Während im Industriepalast und in der Maschinenhalle eine Platzgebühr eingehoben wurde, die für ausländische Aussteller höher war als für jene aus Österreich-Ungarn, konnten die Schaustücke in der Kunsthalle und in den beiden „Pavillons des amateurs" kostenlos plaziert werden.[229] Grundlage für die Raumzuteilung an die einzelnen Nationen waren die Maße der vorhergehenden Weltausstellung in Paris, was jedoch oft zu Streitigkeiten führte.

Dem Deutschen Reich, Italien, Rußland und dem Orient wurde von Anfang an mehr Platz als 1867 eingeräumt. Das Prinzip der länderweisen Aufgliederung gab häufig Anlaß zu Kritik, da die Objekte zusammengehöriger Sachthemen somit nicht mehr verglichen werden konnten.

Im zentralen Bau der Weltausstellung, dem fischgrätenförmig gegliederten Industriepalast mit der Rotunde, wurden hauptsächlich Exponate der Gruppen „Nahrungs- und Genußmittel", „Textil-, Holz- und Metallindustrie", „Stein- und Glaswaren", „Kurzwarenindustrie", „Papiererzeugnisse" sowie „Graphische Künste" präsentiert.[230] Es war das erklärte Ziel der Ausstellungsleitung, gewerbliche und industrielle Produkte nebeneinander zu zeigen, um so die gegenseitige Beeinflussung dieser sonst getrennt arbeitenden Wirtschaftszweige zu veranschaulichen.

Ein besonderes Charakteristikum der Wiener Exposition bildete die Länderanordnung nach geographischen Gesichtspunkten im Industriepalast, in der Maschinenhalle und auch im Ausstellungsgelände selbst. Es begann beim Westeingang der Industriehalle mit den Vereinigten Staaten von Nordamerika gefolgt von England, Frankreich, Portugal, Spanien, der Schweiz, Italien, Belgien, den Niederlanden, Griechenland, Schweden und Norwegen; die Mitte bildete die Rotunde mit Österreich und dem Deutschen Reich, nach Osten zu gefolgt von Ungarn, Rußland, Ägypten, Tunesien, der Türkei, Persien, Rumänien, Marokko, Siam, China und Japan. Damit sollte dem Besucher die Möglichkeit geboten werden, gleichsam eine Reise um die Welt im Zeitraffer zu unternehmen.[231]

Über die größten Flächen verfügten Österreich mit rund 15.000 m² und das Deutsche Reich mit rund 6.700 m², während England und Frankreich je 6.000 m² und Rußland rund 3.300 m² zugewiesen worden waren.[232]

Die österreichische Abteilung bildete den Glanzpunkt der Weltausstellung, und ihre Leistungen überraschten das Inland noch mehr als das Ausland.[233]

Im folgenden sollen Kapazität und wirtschaftliche Bedeutung einiger österreichischer Unternehmen anhand ihrer Präsentationen veranschaulicht werden.

In der Rotunde hatte die weltbekannte Firma L. & C. Hardtmuth, die zu den bedeutendsten Vertretern der Papierindustrie zählte, Schaukästen mit Hunderten von Bleistiften und Schreibtafeln aufgestellt, die in die ganze Welt exportiert wurden.[234] Der Inhaber der Bleistift-, Steingut- und Ziegelfabriken in Budweis war Mitglied der dortigen Ausstellungskommission und wurde für seine Verdienste um die Wiener Weltausstellung vom Kaiser in den Adelsstand erhoben.[235]

Ein weiteres renommiertes österreichisches Unternehmen in der Rotunde war die Wiener Firma Philipp Haas & Söhne. In der Eingangshalle zeigte sie Möbelstoffe, Gobelins und Teppiche angefertigt nach Entwürfen von Prof. Storck, wobei die orientalische Ornamentik für die künstlerische Gestaltung eine wichtige Rolle spielte.[236] Sie stellten einen Höhepunkt der österreichischen Textilindustrie dar. Der Leiter des Unternehmens Eduard Ritter von Haas, Mitglied der kaiserlichen Ausstellungskommission, war schon 1867 für seine Leistungen – auch in sozialer Hinsicht mit der Schaffung eines Arbeiterpensionsfonds' und der Errichtung von Arbeiterwohnungen – prämiert worden; 1873 erhielt er das Großkreuz des Franz-Josephs-Ordens.[237]

Seit 1873 zählte auch die Dornbirner Baumwollspinnerei F. M. Hämmerle zu den wichtigsten Industrieunternehmen der Textilwirtschaft.[238] 1873 besaß sie vier Dampfmaschinen, ein Lokomobil, 350 mechanische Webstühle und beschäftigte 650 Arbeiter. Die Firma Hämmerle stellte im Industriepalast rohe Baumwollgarne, gefärbte und bedruckte Baumwollstoffe aus und wurde dafür mit der Fortschrittsmedaille ausgezeichnet.

In der Gruppe „Holzindustrie" zeigte die Firma der Gebrüder Thonet – sowohl bei der österreichischen als auch bei der ungarischen Sektion – ihre Bugholzmöbel. Sie hatte bereits auf der ersten Weltausstellung in London 1851 mit diesen „Luxusmöbeln" ihren Weltruf begründet. 1862 wurde erstmals auch billigere Konsumware mit großem Erfolg ausgestellt. Die Firma beschäftigte 1873 rund 5.200 Arbeiter in den Fabriken in Böhmen, Mähren und Ungarn und produzierte täglich 2.120 Möbelstücke.[239] Sie befand sich 1873 mit der Präsentation eines klassischen Sortiments auf ihrem wirtschaftlichen Höhepunkt. Nach 1873 verloren die Möbel die klare Form zugunsten historistischer Züge.[240]

Als unumstrittene Kapazität auf dem Gebiet der Glas- und Lustererzeugung galt die Wiener Firma J. & L. Lobmeyr, die 1873 ihr fünfzigjähriges Jubiläum feierte. Aus diesem Anlaß bemühte sich der an einer künstlerischen Formgebung und erstklassigen Qualität interessierte Chef Ludwig Lobmeyr um die Herstellung luxuriöser Schaustücke für die Weltausstellung. Als Glanzstück der Lobmeyrschen Ausstellung galt das „Kaiserservice", das ein Musterbeispiel österreichischen Kunstgewerbes darstellte.[241] Auch ein riesiger Luster mit 175 Kerzen im Wert von 3.000 Gulden wurde für die Ausstellung angefertigt. Die Fülle der im Industriepalast aufgestellten Vasen, Kristall- und Trinkgefäße, Spiegel sowie Kron- und Armluster machte auf die Besucher großen Eindruck.[242] Die Schau war derart dominierend, daß die Prager Ausstellungskommission namens der tschechischen Glaserzeuger protestierte — aus Angst, die übrige böhmische Glas- und Porzellanausstellung könnte von den Besuchern nicht registriert werden.[243]

Erstmals zeigte die Firma Lobmeyr auch orientalisierendes Glas, das sich größter Beliebtheit beim Publikum erfreute. Bedeutete die Weltausstellung auch keinen sofortigen wirtschaftlichen Gewinn, so konnte Lobmeyr seinen internationalen Ruf wesentlich festigen. Die ausgestellten Muster der Spiegel-, Luster- und Kunstglasindustrie wirkten für die moderne, vor allem die böhmische Glasindustrie, bahnbrechend.[244] Die Firma druckte sogar einen eigenen Katalog, den Lobmeyr gemeinsam mit seinem Schwager Wilhelm Kralik, Inhaber der bedeutenden böhmischen Glasfabrik Firma Meyr's Neffe in Adolf, herausgab.[245] Ludwig Lobmeyr, der als herausragende Persönlichkeit eines selbstbewußten und eigenständigen Bürgertums hohes Ansehen genoß, erhielt zwar den Orden Eiserner Krone III. Klasse, lehnte aber die vom Kaiser angebotene Erhebung in den Adelsstand für seine Verdienste um die Wiener Weltausstellung ab.[246]

Der Promotor der Wiener Weltausstellung und international bekannteste Eisenwarenproduzent Franz von Werthcim stellte, wie schon bei früheren Weltausstellungen, seine berühmten feuerfesten und einbruchssicheren Stahlkassen sowie Werkzeug und Werkzeugmaschinen in der Rotunde und im Industriepalast aus.[247]

Nicht nur im Industriepalast, sondern auch in der Maschinenhalle war es österreichischen Firmen gelungen, ihre Leistungen hervorragend darzustellen. Hier wurden Dampfmaschinen in Betrieb vorgeführt, die die Besucher in Bann zogen. So schreibt etwa Franz Weller in seinem Weltausstellungs-Album:

Von dem Rasseln, Klopfen, Pfeifen, Hämmern, Sausen und Klappern, welches all' die großen und kleinen Ungethüme, wenn sie im Betriebe waren, verursachten, vermag die Feder nichts wieder zu geben; der Boden dröhnte, die Wände zitterten und zartnervige Menschenkinder gelangten nur halbtaub und schwindelnd wieder in's Freie.[248]

In den Seitentrakten waren außerdem Eisenbahn- und Tramwaywaggons, prächtige Lokomotiven, Dampffeuerspritzen, Näh-, Stick- und Webemaschinen und Straßenlokomotiven zu bewundern. Beispielsweise stellte hier auch der Maschinenfabrikant Georg Sigl Dreschmaschinen, Rübenschneide- und Sämaschinen, „Kukurrutzrebbler", eine Brennholzsäge und zwei Lokomotiven aus. Die Firma befand sich 1873 auf ihrem wirtschaftlichen Höhepunkt und produzierte jährlich 250 Lokomotiven, vor allem für den Export.[249] Von der Firma Sigl stammte auch jene Rotationsmaschine, die im Pavillon der „Neuen Freien Presse" die Sonderbeilage der „Internationalen Ausstellungszeitung" vor den Augen der Besucher druckte. Erstmalig konnte auf „Endlospapier" eine Kapazität von 10.000 Bögen pro Stunde erzielt werden. Diese technische Neuheit bildete einen der Hauptanziehungspunkte der Weltausstellung.[250]

In den Agrikulturhallen präsentierte Österreich seine Leistungen auf dem Gebiet der Landwirtschaft. Besonderes Augenmerk verdiente dabei eine Kollektivausstellung der Zuckerindustrie, die einen der bedeutendsten Industriezweige der Monarchie repräsentierte. Von 91 Ausstellern kamen 53 aus Böhmen, die übrigen aus Mähren, Österreichisch-Schlesien, Galizien, Niederösterreich und der Steiermark.[251] Namen wie Schöller & Comp., Moritz Fürst Lobkowitz, Simon Freiherr von Sina oder für Mähren August und Alfred Skene waren hier zu finden. Die Brüder Skene zählten zu den größten Zuckerfabrikanten der Monarchie. In der Prerauer Fabrik produzierten sie jährlich 80.000 Zentner Zucker und beschäftigten 4.000 Arbeiter.[252] Die Exponate wurden mit 70 Medaillen und Anerkennungen prämiert.

In der östlichen Agrikulturhalle konnten die österreichischen Wein- und Biererzeuger mit großem Erfolg ihre Leistungen dem Publikum vorführen. Seitens der Generaldirektion war eine eigene Kosthalle errichtet worden, in der offizielle Verkostungen von Wein und Bier zur Beurteilung der Getränke durch die Jury stattfanden. Österreich wartete mit rund 200 verschiedenen Biersorten auf. An einer Kollektivausstellung der steiermärkischen Weinbauern beteiligten sich allein 140 Aussteller, unter ihnen die Brüder Kleinoscheg, Besitzer einer Sektfabrik.[253]

Rund um die großen Hallen war eine aus 200 Pavillons bestehende Ausstellungsstadt entstanden. Die Anordnung folgte nur lose dem Prinzip einer thematischen Gliederung, wobei die repräsentativeren Gebäude südlich des Industriepalastes und der Rotunde in der Nähe des Kaiserpavillons, die weniger attraktiven nördlich davon um die Maschinen- und Landwirtschaftshallen gruppiert waren. Es war für die Besucher äußerst schwierig, die Übersicht zu bewahren, zumal es nicht genug Wegweiser gab. Die Pavillons wurden von einzelnen Unternehmern oder Ausstellerkollektiven bzw. öffentlichen Stellen wie Ministerien und Ländern errichtet. Die Palette reichte von einer persischen Villa, einem türkischen Bazar, einem russischen Bauernhaus und schwedischen Schulhaus über die Pavillons der Perlmoser Cement-Actiengesellschaft, der „Neuen Freien Presse" oder der Actien-Brauerei von Silberegg, einem Pavillon für Tabak- und Zigarrenspezialitäten, den Pavillons des Herzogs August Coburg von Gotha und der Ungarischen Staatsforstverwaltung bis hin zum deutschen Montanindustriepavillon, dem Pavillon Krupp, einer Lokomobilhalle, einem englischen Sodawasserpavillon und englischen Arbeiterwohnhäusern.

Der Anteil der privaten und staatlichen Pavillons Cisleithaniens im Ausstellungspark war sehr hoch. Wiener Firmen und solche aus den Kronländern, insbesondere aus Böhmen, überboten einander teils in ausgezeichneten sachlichen und lebendigen Darstellungen, teils in protziger Schaustellung. Jedoch nicht nur das zahlenmäßig überwiegende Bürgertum, sondern auch der großgrundbesitzende Hochadel zeigte seine Leistungen. Einige der in den Pavillons gezeigten österreichischen Expositionen aus den Bereichen des Bergbau- und Hüttenwesens, der Landwirtschaft, der Bauindustrie, der Nahrungs- und Genußmittelerzeugung sowie des Marinewesens sollen hier beschrieben werden.

Der Bergwerks- und Fabrikbesitzer Johann David Edler von Starck hatte einen schon 1867 in Paris prämierten Glaswarenpavillon errichtet, in dem Spiegel- und Tafelglas sowie deren Herstellung gezeigt wurden.[254] Außerdem veranschaulichten geologische Karten, Pläne und Modelle den Stein- und Braunkohleabbau sowie die Gewinnung von Alaun und Schwefel. Starck zählte zu den bedeutendsten Industriellen der Monarchie und war zugleich böhmischer Landtagsabgeordneter und Herrenhausmitglied. Wegen seiner Verdienste um die Wiener Weltausstellung erhob ihn der Kaiser in den Freiherrnstand.[255]

Als besonderes Beispiel für eine Kollektivausstellung eines Landes kann der Pavillon des Kärntner Hüttenberger Montanvereins angesehen werden. Die wichtigsten Montanfirmen zeigten praktisch-technische und wissenschaftliche Errungenschaften der Eisen- und Bleiproduktion. Unter den 36 ausstellenden Unternehmern war auch der mehrfach prämierte Besitzer des ersten Drahtwalzwerks in Österreich, Ferdinand Graf Egger, der Eisen, Drähte und Blech präsentierte und dafür mit der Fortschrittsmedaille ausgezeichnet wurde.[256] Auch Bessemerstahl aus der Stahlhütte in Heft, der ersten dieser Art in Österreich, war hier zu sehen. Für seine abgerundete und qualitätvolle Darbietung erntete der Kärntner Pavillon von allen Seiten Lob.

Die österreichischen Bierbrauer machten durch die Errichtung origineller und attraktiver Pavillons auf sich aufmerksam. So wählte der bekannte Schwechater Bierbrauer Anton Dreher, der schon 1867 in Paris eine goldene Medaille für seine Leistungen erhalten hatte, orientalische Stilformen für seinen Pavillon, wobei ein umgestürzter Bierkessel die Kuppel bildete. Angrenzend befand sich der geschmackvolle Bau seines Konkurrenten Adolf Ignaz Mautner & Sohn aus St. Marx, der Spiritus, Preßhefe und Malz sowie neue Herstellungsmethoden von ober- und untergärigem Bier zeigte und das Ehrendiplom erhielt.[257]

Ein ausgezeichnetes Beispiel der Eisen- und Glasbautechnik zeigte der Wiener Eisenwarenfabrikant Robert Philipp Waagner in einem Palmenhaus, das sich in einem attraktiven Teil des Geländes, am „Mozartplatz" in der Nähe der ägyptischen Gebäude und des japanischen Gartens, befand. Die Firma, die erst 1867 mit der fabriksmäßigen Herstellung von Brücken und anderen Eisenkonstruktionen begonnen hatte, stellte hier – wie auch im Industriepalast, im „Eisenhof" und in einem eigenen Musterstall – eiserne Geländer, Gitter, Gartenmöbel und sonstige Gußwaren aus.[258] Form und Bauweise dieses Gewächshauses beeinflußten in der Folge die Gestaltung des 1883 in Schönbrunn erbauten Palmenhauses. Robert Philipp Waagner erhielt für seine Verdienste um die Wiener Weltausstellung den Titel des k.u.k. Hofschlossers und das goldene Verdienstkreuz.

Die Wienerberger Ziegelfabriks- und Baugesellschaft hatte in der Nähe der Kunstgebäude beim Heustadelwasser einen monumentalen Triumphbogen errichtet. Der von Heinrich von Ferstel entworfene und kunstvoll gearbeitete Monumentalbau zeigte verschiedene Ziegel- und Terrakottaarten aus den Fabriken des Wiener Großindustriellen Heinrich von Drasche, der innerhalb der österreichischen Ziegelindustrie eine Monopolstellung innehatte. Drasche betrieb seine Fabriken, Steinkohlegruben und Ziegeleien in Niederösterreich, der Steiermark, Mähren und Ungarn mit 31 Dampfmaschinen und 44 Dampfkesseln und beschäftigte über 7.000 Arbeiter und Angestellte.[259] Auch errichtete er Kindergärten, Werksspitäler, einen Pensionsfonds und Arbeiterwohnungen. Einige Jahre später sollte dennoch die triste Lage der Arbeiter in den Ziegeleien in Inzersdorf von Dr. Viktor Adler, dem Mitbegründer der sozialdemokratischen Partei, heftigst kritisiert werden. Das unternehmerische Großbürgertum nützte die Weltausstellung, um seine Leistungen in strahlendem Lichte erscheinen zu lassen. Der Prachtbau eines Triumphbogens entsprach einer Persönlichkeit von Drasches Format; er war der Erbauer des monumentalen Heinrichshofes an der Ringstraße gegenüber der Oper, der Wohlstand und Höhepunkt der Ringstraßenära demonstrierte.

Die Rolle der Landwirtschaft für Österreich zeigte eine Kollektivausstellung der Fürsten Johann Adolf und Adolf Josef zu Schwarzenberg, die zu den reichsten Großgrundbesitzern und Industriellen der Monarchie zählten. Rohprodukte, verschiedenste Erzeugnisse, Statistiken und Produktionsmethoden aus den Bereichen der Land- und Forstwirtschaft, des Bergbau- und Hüttenwesens, der Jagd und Fischerei, aber auch der Zucker- und Branntweinerzeugung wurden in einem repräsentativen Pavillon ausgestellt. Das familieneigene Archiv dokumentierte die wirtschaftliche Entwicklung der Betriebe: zum Zeitpunkt der Weltausstellung umfaßten die Güter in der Steiermark, Bayern, Salzburg, Ober- und Niederösterreich und Böhmen 204.338 Hektar, auf denen 40.000 Menschen arbeiteten.[260] Es sollte vor allem die Verbindung von Landwirtschaft und Industrie gezeigt werden, da die Güter die Rohprodukte selbst verarbeiteten. Die Zahl von 23 Brauhäusern, 4 Zuckerfabriken sowie 46 Ziegelfabriken und -kalköfen verdeutlicht die wirtschaftliche Bedeutung und Stellung der Fürsten Schwarzenberg. Eine originelle Attraktion für die Besucher waren die vor dem fahnengeschmückten Holzbau angelegten Gartenanlagen mit einer Obstbaumschule, die Wasserbassins mit riesigen Fischen aus den fürstlichen Gewässern in Wittingau und ein Steinbau mit einem lebenden Biberpaar.

Österreichs Bedeutung als Seefahrtsnation, besonders seit dem Seesieg bei Lissa über Italien 1866, fand in einer umfangreichen Darstellung des Marinewesens ihren

Niederschlag. Die österreichische Handelsmarine, der österreichische Lloyd, damals eine der größten Reedereien der Welt, und die Donaudampfschiffahrtsgesellschaft hatten zu diesem Zweck eigene Pavillons errichtet. Schwerpunkte der Schau bildete der Schiffbau mit zahlreichen interessanten Modellen von Kriegs- und Handelsschiffen, darunter das österreichische Panzerschiff „Erzherzog Albrecht", der britische Frachtdampfer „Windsor Castle" und das Kettenzugschiff „Ipoly", das sich an einer im Fluß verlegten Kette entlangzog.[261] Der technische Übergang vom Segel- zum Dampfschiff wurde an Beispielen mit all seinen Vor- und Nachteilen erörtert. Ferner gab es Sammlungen nautischer Instrumente, Pläne und Modelle von Hafen- und Kanalbauten sowie die naturgetreue Nachbildung eines Leuchtturms mit Semaphor und Nebelhornwarnzeichen zu sehen.

Über das ganze Ausstellungsgelände verteilt fanden sich unterschiedlichste Restaurants, Bierhallen und Caféhäuser. Besonders beliebt waren das Pilsener bürgerliche Bräuhaus, das italienische Restaurant Biffi aus Mailand und das türkische Caféhaus. Eine Kuriosität stellte der „Indianerwigwam" dar. Zwei New Yorker Restaurantbesitzer, Böhm & Wiehl, hatten ihn in einem schattigen Teil des Geländes aufschlagen lassen. Neger, Indianer und Mischlinge servierten typische amerikanische Drinks: Favorit war der „Sherry-Cottler", eine Mischung aus Sherry, Branntwein und Eiswasser, in der Zitronen- und Orangenscheiben schwammen.[262]

Für permanente musikalische Unterhaltung sorgten berühmte Orchester in einem eigens erbauten Musikpavillon. Johann Strauß führte hier seine zur Weltausstellung komponierte „Rotunden-Quadrille" (op. 360) auf. Auch sein Bruder Eduard, weiters Philipp Fahrbach der Jüngere, Karl Michael Ziehrer und Josef Bayer schrieben Walzer, Märsche und Tänze anläßlich der Ausstellung.[263] Signifikant für die Wiener Mentalität war die zu aller Gaudium aufgeführte „Krach-Polka" – eine Parodie auf den Börsenkrach – von Anton Fahrbach dem Älteren, der sich damit allerdings den Zorn der „Geldleute" und der Presse zuzog.[264]

Als eine Vorstufe des heutigen Souvenirwesens kann der Verkauf von orientalischen Andenken im türkischen Bazar bzw. in den japanischen Pavillons gelten. Orientalische Stickereien, brasilianischer Schmuck oder japanische Tassen und Kästchen erfreuten sich eines reißenden Absatzes. Von den japanischen Fächern wurden pro Tag 3.000 Stück verkauft.[265] Infolge der Nachfrage kosteten sie bald das Doppelte wie zu Beginn der Weltausstellung: japanische Fächer waren Mode geworden, und ganz Wien war voll davon.[266]

Selbstverständlich sollte die Weltausstellung weder eine Verkaufsmesse noch ein Jahrmarkt werden. Aus diesem Grund war auch von der Generaldirektion das Verbot ergangen, ohne ihre ausdrückliche Zustimmung Waren im Ausstellungsgelände zu vertreiben.[267] Mit Rücksicht auf die Sonderstellung, die der Orient und der Ferne Osten in Wien einnahmen, wurde hier eine Ausnahme gemacht. Ansonsten durften lediglich Südfrüchte, Mehlspeisen, frisches Obst und Blumen sowie außereuropäische und überseeische Spezialitäten verkauft werden.[268] Der Erfolg der Orientalen und Japaner war so groß, daß der Niederösterreichische Gewerbeverein Generaldirektor Schwarz-Senborn aufforderte, diesen Detailverkauf zum Schutz der heimischen Wirtschaft zu unterbinden.[269]

Viele der eigens für die Weltausstellung angefertigten Produkte mußten nach Beendigung der Exposition unter ihrem Einstandspreis verschleudert werden. Die Firma Lobmeyr konnte manche Artikel der Weltausstellung erst Jahre später und mit hohen Verlusten veräußern.[270]

Zusammenfassend kann man festhalten, daß das Dargebotene die Besucher nicht enttäuschte. Schon das riesige und dekorative Ausstellungsgelände im Prater mit dem abwechslungsreichen Bild der Pavillons machte großen Eindruck.

Obwohl die Fülle der Exponate unübersehbar und für den einzelnen beinahe erdrückend war, konnten die im Ausstellungsprogramm definierten Ziele nicht erreicht werden. Mit dem Anspruch, die Belange der gesamten Menschheit darzustellen, hatte man sich einfach zuviel vorgenommen. Vor allem von der Generaldirektion propagierte Themen wie „Kunstwerke aus Privatbesitz", „Darstellung der Wirksamkeit der Kunstgewerbemuseen" oder „Das bürgerliche Wohnhaus" wurden vom Ausland fast überhaupt nicht beachtet.

Dennoch war es den österreichischen Ausstellern durch besondere Prachtentfaltung und die Vorführung moderner technischer Leistungen gelungen, Kompetenz gegenüber dem Ausland zu beweisen. Es war ein Charakteristikum internationaler Expositionen, wirtschaftliche und nationale Angelegenheiten miteinander zu verknüpfen.[271] Das schlechte Abschneiden in einer Sparte wäre für Österreich als Katastrophe empfunden worden. Nach dem Widerstand der Tschechen in der Planungsphase konnten während der Ausstellung nationale Spannungen vermieden werden.

Obwohl viele Chancen durch den Börsenkrach zunichte gemacht wurden, konnten einige österreichische Firmen ihre wirtschaftliche Position stärken. Während die Präsentationen des Wirtschaftsbürgertums die Glanzstücke der Ausstellung bildeten, leistete der Hochadel Österreichs vor allem auf dem Gebiet der Landwirtschaft einen wichtigen Beitrag.

An Neuheiten, die in Wien gezeigt wurden, kann neben den erwähnten noch die Anfertigung des ersten österreichischen Werbeplakates für die Wochenschrift „Laterne"[272] genannt werden. Insgesamt hatte die Weltausstellung jedoch repräsentativen Charakter, was besonders in den aufwendigen Pavillons einzelner Aussteller und des Auslandes sichtbar wurde. So schreibt etwa die „Deutsche Bauzeitung" aus Berlin am 4. Oktober 1873:

Man kann sich des Gefühls nicht erwehren, dass es der Mehrzahl der ausstellenden Staaten und Privatpersonen weniger darum zu thun gewesen ist, ihre Produkte, als vielmehr sich selbst zu zeigen und bewundern zu lassen.[273]

Die prachtvoll gestalteten Bauten der Staaten des Ostens erfüllten neben ihrer Ausstellungsfunktion die Aufgabe, als Ruheort des Herrschers zu dienen. Wie sehr man die künstlerische Formgebung der Türken, Perser oder Japaner in Österreich schätzte, zeigte die häufige Verwendung orientalischer Bauformen und Dekorationsweisen bei den heimischen Pavillons.

Die Beurteilung der Exponate durch eine internationale Jury und die Verleihung von Medaillen war für die Aussteller ein wesentlicher Grund zur Teilnahme. Auf internationalen Expositionen errungene Medaillen galten als reklamewirksame Gütezeichen, die allgemeine Vergleichsmaßstäbe für den internationalen Leistungsstand setzten.[274] Die Wiener Firmen Lobmeyr, Haas und Thonet begründeten ihren Weltruhm mit der Prämierung ihrer Produkte auf früheren Weltausstellungen.

Die insgesamt 956 Mitglieder der internationalen Jury wurden teils von den Ausstellern selbst und teils von der kaiserlichen Ausstellungskommission ernannt. Innerhalb dieser gab es Fachgremien, die die einzelnen Fragen nach Sachthemen behandelten. Unter den Juroren befanden sich zahlreiche prominente Persönlichkeiten aller Nationen. Hier sind das norwegische Jurymitglied Henrik Ibsen, der Münchner Historienmaler Karl von Piloty sowie der deutsche Industrielle Werner von Siemens zu nennen. Österreich entsandte bedeutende Vertreter aus Industrie, Wirtschaft und Kunst wie Franz von Wertheim, Joseph Thonet, Heinrich von Drasche, Ludwig Lobmeyr, Wilhelm von Engerth, Robert Philipp von Waagner, Theodor Billroth, Karl von Hasenauer oder Heinrich von Ferstel.[275]

Grundlage der Beurteilung bildeten im wesentlichen die Fortschritte und Verbesserungen, die seit der Weltausstellung in Paris 1867 geleistet worden waren. Fünf Medaillen wurden von der Generaldirektion verliehen: erstens für Kunst, zweitens für Fortschritt (seit 1867), drittens für Verdienste (auf volkswirtschaftlichem oder technischem Gebiet), viertens für guten Geschmack und fünftens erstmals auch für Mitarbeiter, zur Honorierung der Leistungen der Fabriksarbeiter, Werksführer, Musterzeichner, Modelleure sowie Hilfsarbeiter.[276] Darüber hinaus wurden als besondere Auszeichnung Ehrendiplome für hervorragende Verdienste zur Pflege der Wissenschaft, Hebung der Volksbildung und besonderen Förderung für das geistige und materielle Wohl der Menschen verliehen. Anerkennungsdiplome erhielten alle jene, deren Leistungen gewürdigt werden sollten, jedoch keine Medaillen verdienten.

Im Rahmen eines feierlichen Festaktes fand schließlich am 18. August in der Winterreitschule der Hofburg in Anwesenheit der Erzherzöge Rainer und Karl Ludwig die offizielle Preisverleihung statt.[277] Insgesamt wurden 25.572 Medaillen vergeben: 8.687 Verdienstmedaillen, 2.929 Fortschrittsmedaillen, 2.162 Medaillen für Mitarbeiter, 977 Kunstmedaillen, 310 für guten Geschmack, 10.066 Anerkennungsdiplome und 441 Ehrendiplome.[278] Die besonders großzügige Verteilung sollte wirtschaftliche und finanzielle Verluste der Aussteller zumindest teilweise wettmachen.[279]

Mit Schließung der Weltausstellung im November und auch noch in den folgenden

Jahren wurden Hunderte Österreicher wie auch Ausländer, die am Erfolg der Weltausstellung mitgewirkt hatten, mit Orden und Titeln ausgezeichnet. Das Ritterkreuz des Franz-Josephs-Ordens wurde über zweihundertmal verliehen, in erster Linie an Unternehmer, aber auch an Wissenschaftler und Künstler. Unter ihnen waren der Maler Heinrich von Angeli, der Brauereibesitzer Anton Dreher, der Schneider Joseph Gunkel sen., der Gummiwarenfabrikant aus Wimpassing Moritz Reitthofer und der Möbelfabrikant Josef Thonet.[280]

Hervorzuheben ist eine Reihe von Nobilitierungen im Gefolge der Weltausstellung, da sie für die Betroffenen die Krönung des wirtschaftlichen und sozialen Aufstiegs einer bürgerlichen Karriere bedeuteten. So wurden beispielsweise der Papierfabrikant Jacob Manner und der Zucker- und Tuchfabrikant August Skene in den Ritterstand erhoben.[281] Den Rang eines Freiherrn erhielten der Brünner Tuchfabrikant Karl von Offermann, der Architekt Karl von Hasenauer, der Reichenberger Industrielle Friedrich Ritter von Leitenberger, der österreichisch-ungarische Generalkonsul in Hongkong Gustav Ritter von Overbeck, der Großhändler und Wiener Gemeinderat Moritz Pollak, Ritter von Borkenau, der Eisenbahn- und Maschinenbauingenieur Wilhelm von Engerth und der Industrielle Johann David Edler von Starck.[282]

War die Zahl der Standeserhebungen von Vertretern des Bürgertums ohnehin seit 1867 stark gestiegen, so erreichte sie 1873 einen Höchststand.[283] Die Erhebung in den Adelsstand war ungeachtet aller Ressentiments gegenüber der Aristokratie ein begehrtes Ziel der meisten Bürger. Sowohl der Wiener Bürgermeister Kajetan Felder als auch der satirische Schriftsteller Daniel Spitzer kritisierten die durch die Weltausstellung ausgelöste Ordensjagd aufs schärfste.[284] Dagegen verzichtete — ähnlich wie Alfred Krupp im Deutschen Reich — Ludwig Lobmeyr ausdrücklich auf eine Nobilitierung.

Kataloge und Berichte zu den Weltausstellungen lieferten eine wichtige Grundlage für die Erfassung und Beurteilung des Ausstellungsmaterials. Primär als Orientierungshilfe für den Ausstellungsbesucher gedacht, stellen sie darüber hinaus als Bestandsaufnahmen des technischen, wirtschaftlichen und kulturellen Fortschritts eine wesentliche Quelle für die Geschichte der Weltausstellungen dar. Der Großteil dieser schriftlichen Dokumentationen wurde von offiziellen Stellen sowie den jeweiligen Landeskommissionen herausgegeben. Abgesehen davon erschienen zahlreiche Veröffentlichungen von Seite Privater in Form von Firmenschriften, ausstellungsbezogenen Darstellungen in Fachzeitschriften, Gewerbeblättern, Wochenschriften und Tageszeitungen sowie Reiseliteratur.[285]

Unter den offiziellen Schriften muß zwischen Katalogen und Berichten unterschieden werden. Die Kataloge enthielten meist nur eine Aufzählung der Exponate, die sich streng nach dem Klassifikationsschema der Ausstellung richtete. Österreich veröffentlichte als zusammenfassendes, grundlegendes Hauptwerk den „Officiellen General-Catalog", in dem alle Länder ihre Exponate nach Gruppen geordnet anführten.

Als Ergänzung dazu erschien der „Officielle Kunst-Catalog", der nach demselben Schema die Gruppen für Kunst enthielt. Darüber hinaus wurden von einzelnen Ländern Kataloge zusammengestellt, die meist von kurzen Beschreibungen über den Stand der Entwicklung der jeweiligen Industriezweige eingeleitet wurden.

Die Ausstellungsberichte brachten dagegen zusammenfassende Stellungnahmen, die in kritischer Weise über den Stand der eigenen Leistungen im internationalen Vergleich reflektierten. Darüber hinaus gaben sie auch Auskunft über Kapazität und Beschäftigungszahl der ausstellenden Unternehmen und vermittelten so einen guten Überblick über verschiedenste Wirtschaftszweige. Diese Berichte sollten durch die Autorenschaft anerkannter Fachleute tiefergehenden Einblick in einzelne Wissensgebiete gewähren.

Das ausführlichste Werk stellte die Generaldirektion selbst zusammen. Der „Officielle Ausstellungs-Bericht", herausgegeben vom Prager Universitätsprofessor für Staatswissenschaften Dr. Karl Thomas Richter, umfaßte 95 Bände, an denen namhafte Fachleute wie Wilhelm Franz von Exner, Jacob von Falke oder Ludwig Lobmeyr mitarbeiteten. Unstimmigkeiten in der Redaktion verzögerten jedoch das Erscheinen, sodaß ein Großteil der Bände erst nach 1873 herauskam.[286] Die ausgestellten Exponate wurden unter sachlichen Gesichtspunkten detailliert behandelt, wobei auf deren Nutzen für die weitere Entwicklung der einzelnen Wirtschaftszweige näher eingegangen wurde.

Während sich die westlichen Länder, nämlich Amerika, England oder Frankreich, auf die Beschreibung der Exponate beschränkten, nützten die orientalischen und asiatischen Länder sowie Brasilien die Herausgabe der Kataloge, um die politischen, wirtschaftlichen und kulturellen Verhältnisse ihrer Länder der westlichen Welt vorzustellen. Dieser Form der Selbstdarstellung, der meist eine allgemeine Landesbeschreibung voranging, folgte erst im Anhang die Aufzählung der gezeigten Objekte. Zu den aufwendigsten und großartigsten Berichten gehörten diejenigen Tunesiens und Japans.[287]

5. KULTURELLE ASPEKTE

a. Kunsthandwerk

Die Bedeutung der Weltausstellungen für die Entfaltung des Kunstgewerbes im 19. Jahrhundert kann nicht hoch genug veranschlagt werden.[288] Auf diesen „Monsterschauen" wurde durch die Gegenüberstellung und das Erkennen unterschiedlicher Strömungen jene um Qualität bemühte Kunstgewerbeerzeugung vorangetrieben, die zu den wesentlichsten Ausformungen des Historismus zählte. So war die Londoner Weltausstellung 1851 das auslösende Moment für das Einsetzen einer auch von Gottfried Semper wesentlich mitgetragenen Reformbewegung, welche die infolge der Industrialisierung aufgetretenen Mängel bei der Herstellung kunstgewerblicher Gegenstände kritisierte.[289] Das Bemühen der sich anschließenden Schulen und Sammlungen in ganz Europa galt in erster Linie der ästhetischen Seite des Problems.

Die zweite Hälfte des Jahrhunderts war vom ständigen Ringen um ein ausgewogenes Verhältnis von Formschönheit und Zweckmäßigkeit gekennzeichnet, das anläßlich der Weltausstellungen immer wieder deutlich wurde. Unzählige Publikationen zum Problem neuer Gestaltungsmöglichkeiten der „Kunstindustrie" und zur Lage des Kunstgewerbes in den einzelnen Ländern beherrschten die zeitgenössische Ausstellungsliteratur.[290]

Seit der Gründung des Österreichischen Museums für Kunst und Industrie 1864 im Gefolge der zweiten Londoner Weltausstellung und des 1852 gegründeten South Kensington Museum faßte die Reformbewegung auch in der Donaumonarchie bald Fuß. Wichtigster Vertreter der neuen Strömungen war Rudolf von Eitelberger, der als Direktor des Österreichischen Museums die Unterstützung des kunstbegeisterten Erzherzogs Rainer und des Kaisers genoß.

Die im Zusammenspiel mit den Vertretern von Kunst und Industrie sich entfaltenden Aktivitäten erhielten erstmals bei der Weltausstellung 1867 in Paris und 1872 bei der ersten Österreichischen Kunstgewerbeausstellung im Österreichischen Museum offizielle Anerkennung. Als besondere Leistung wurde das Loslösen von französischen Einflüssen und eine Hinwendung zu Vorlagen der italienischen Renaissance gewertet.[291]

Dieser Entwicklung wurde im Rahmen der Wiener Weltausstellung in bis dahin unbekanntem Ausmaß Rechnung getragen. Das Interesse europäischer Fabrikanten an einer qualitativen Verbesserung ihrer Produkte führte zu einer umfangreichen Präsentation der Kunstindustrie und des Kunsthandwerks.

Neurenaissance und Orientrezeption beherrschten das Bild. Der Stil der Renaissance wurde zuerst im Deutschen Reich und in Österreich-Ungarn bevorzugt und kam von funktionaler wie ästhetischer Seite dem Verlangen nach Selbstdarstellung des Bürgertums entgegen. Außerdem fand man darin eine geeignete Ausdrucksform, sich von der Dominanz des französischen Geschmacks zu befreien, der „wie ein Alp auf der deutschen Kunstindustrie" lastete, obzwar etwas später auch Frankreich und England die Neurenaissance für sich übernahmen.[292]

Daneben beherrschte das orientalische Kunsthandwerk, das seit der ersten Präsentation Chinas 1862 auf keiner internationalen Exposition fehlte, das Gesamtbild der Wiener Ausstellung. Ergebnisse der Verarbeitung islamischen Dekors in seinen endlosen Mustern und schönen Farbzusammenstellungen zeigten berühmte Firmen von Brocard bis Lobmeyr.

Die Orientmode befand sich in Wien auf ihrem Höhepunkt. Persien brachte erstmals Arbeiten ältester islamischer Kunst.[293] Stilelemente orientalischer bzw. islamischer Originale reihten sich neben jene der Neurenaissance in den Katalog der „Vorbildersammlungen" des Historismus ein.[294]

Eine eigene Abteilung der Weltausstellungsdirektion beschäftigte sich mit der Präsentation und dem Arrangement des Kunstgewerbes. Dieser gehörten neben anderen Rudolf von Eitelberger, der Kustos und Stellvertreter von Eitelberger im Österreichischen Museum Jacob von Falke, Heinrich von Ferstel, der Universitätsprofessor Ernst Brücke, Eduard Engerth, Karl Giani, Eduard von Haas, Ludwig Lobmeyr, Friedrich Schmidt und Edmund Graf Zichy an.[295]

Da das Kunstgewerbe des Historismus praktisch alle Gebrauchsgegenstände künstlerisch gestaltete, wäre die Schaffung einer systematisch geordneten Abteilung, die sich inhaltlich nicht mit den übrigen Gruppen überschneidet, kaum durchführbar gewesen. So wurden sämtliche kunstgewerblichen Objekte nach ihrem Verwendungszweck in die entsprechenden Sektionen eingereiht. Die reichhaltige Palette dieser Exponate wurde von England, Frankreich, dem Deutschen Reich und Österreich-Ungarn dominiert. Zu den interessantesten Gewerbezweigen der Kunstindustrie auf der Ausstellung können die „Bronzeindustrie", die Silber- und Goldschmiedekunst, Möbel-, Glas-, Keramik- und Textilindustrie gezählt werden.

Österreich zeigte eine Schau kunstgewerblicher Produkte, die sich weniger durch ihr Gesamtniveau als vielmehr durch herausragende Leistungen einzelner bekannter Firmen, allen voran J. & L. Lobmeyr oder Philipp Haas & Söhne, auszeichnete. Deren gute Zusammenarbeit mit den Künstlern des Österreichischen Museums drückte sich in der hervorragenden künstlerischen Gestaltung ihrer Erzeugnisse aus.

Ganz allgemein kann gesagt werden, daß sich Österreich im internationalen Vergleich behaupten konnte, während Deutschland durch die vorrangige Präsentation von Massenartikeln in den Augen der Zeitgenossen schlecht abschnitt. Frankreich wurde unwidersprochen die Führungsrolle in Geschmacksfragen zugestanden, Englands technische Meisterschaft bestätigt.[296]

b. Bildende Künste

Die Aufnahme der bildenden Künste in das Programm der Weltausstellungen war ursprünglich von den Initiatoren, meist Gewerbetreibenden und Industriellen, nicht vorgesehen worden. Erst 1855 eroberten die schönen Künste einen sicheren Platz im Programm der Universalausstellungen.

Die Kunstausstellung konnte im Gegensatz zu den Gewerbe- und Industrieausstellungen auf eine etwas längere Tradition zurückblicken. In periodischer Wiederkehr war sie zu einem eigenen Forum der Schaustellung und Kunstkritik geworden.[297] Ihr Fehlen im Rahmen der Weltausstellungen wurde als klaffende Lücke im Gesamtbild empfunden. Außerdem erwarteten sich die Künstler von der Beteiligung an einer Weltausstellung eine nicht unwesentliche Steigerung des Bekanntheitsgrades und Verkaufswertes ihrer Werke. Infolgedessen stieg der Anteil der Kunstwerke rasch an, wobei die Weltausstellungen gleichzeitig zum Austragungsort kunstkritischer Auseinandersetzungen wurden, ohne dabei die jeweiligen Jahresausstellungen überflüssig werden zu lassen.

Die aufsehenerregende Ausstellung Eduard Manets 1867 in Paris mit Werken, die für den Impressionismus wegweisend wurden, muß hier jedoch als einmaliges Ereignis gewertet werden. Im übrigen waren die Organisatoren der Weltausstellungen bemüht, als allzu provozierend empfundene Künstler von einer Beteiligung abzuhalten. Abgesehen davon verhinderten die regelmäßigen Jahresausstellungen und Publikationen große Überraschungen.[298]

Betrachtet man den Anteil der bildenden Kunst insgesamt, so kann ein konstantes Ansteigen der Beteiligungsziffern festgestellt werden. Bei allen Expositionen dominierte die Malerei, gefolgt von der Bildhauerkunst, den graphischen Künsten und der Architektur.

Es war ein Anliegen des Generaldirektors Schwarz-Senborn, in Wien die dominierende und glorifizierte Maschine als Zentrum des wirtschaftlichen Fortschritts mit der Kunst als Gegengewicht zu konfrontieren. Die Errichtung einer eigenen Kunsthalle und zweier kleinerer Pavillons, die gemeinsam den „Kunsthof" umschlossen, schuf durch die räumliche Trennung von der übrigen Schau eine günstige Voraussetzung für die Präsentation von Kunstwerken im Rahmen der Weltausstellung.

Im ganzen wurden rund 6.600 Kunstwerke gezeigt, wovon Frankreich den Hauptanteil mit 1.573 Exponaten bestritt, gefolgt von Deutschland (1.026), Österreich (869), Ungarn (210), England (203), Italien (472), Rußland (437), Belgien (298), den Niederlanden (167), der Schweiz (202), Dänemark (103), Spanien (82), Schweden und Norwegen (45 und 71), Rumänien (64), Griechenland (46), Japan (48) und den Vereinigten Staaten von Nordamerika (16).[299]

Die nach Ländern angeordneten Bilder bedeckten in drei bis vier Reihen die Wände vom Boden bis zur Decke. Besucher und Fachleute kritisierten häufig die Überfülle des Gezeigten. Diese Art der Raumgestaltung entsprach jedoch den modernsten Überlegungen, die die Gebäude im reinen Stil der Renaissance ohne Architekturdekoration, dafür aber mit vielen Schaustücken ausgestattet wissen wollten. Das Arrangement der Kunsthalle stellte somit den Höhepunkt einer „historisch-zweckmäßigen" modernen Kunstausstellung des strengen Historismus in der zweiten Hälfte des 19. Jahrhunderts dar.[300]

Das Programm umfaßte die Bereiche der Architektur, Skulptur, Malerei, der graphischen Künste sowie der sakralen Kunst. Es sollten ausschließlich Kunstwerke des vorangegangenen Jahrzehntes ausgestellt werden, um das aktuelle künstlerische Niveau zu veranschaulichen.[301] Die Gestaltung der österreichischen Kunstabteilung übernahm die Genossenschaft bildender Künstler in Wien, die vertragsgemäß 1873 ihre Jahresausstellungen im Künstlerhaus entfallen lassen mußte.[302]

Zu den bekanntesten in der österreichischen Sektion vertretenen Malern gehörten Hans Canon, Heinrich von Angeli, Sigmund l'Allemand, Friedrich Friedländer, Ferdinand Laufberger, Eduard von Lichtenfels, Emil Pirchan, Anton Romako, Gustav Ranzoni, August Schäffer, Alois Schönn, August von Pettenkofen sowie Franz und Rudolf von Alt. Offizielle Repräsentationsmalerei beherrschte die österreichische Abteilung, wobei der Anteil der Werke deutscher Künstler sehr groß war. Das Schwergewicht lag auf der Landschafts-, Genre- und Portraitmalerei. Die im Zentralsaal der Kunsthalle gezeigten Portraits von Kaiser Franz Joseph und Elisabeth waren eigens für die Weltausstellung bei Heinrich von Angeli zu einem Preis von 5.070 Gulden in Auftrag gegeben worden.[303]

Unter den bedeutenden nichtdeutschen Künstlern ist der Pole Ián Matcjko zu nennen, der zwei riesige Historiengemälde, Ereignisse der polnischen Geschichte („Stephan Bathory, König von Polen, bei Pskow vom russischen Gesandten um Frieden gebeten" und „Union der Polen und Lithauer zu Lublin unter König Sigismund August im Jahre 1569"), zu 50.000 bzw. 40.000 Gulden anbot.[304]

Die österreichische Bildhauerkunst war durch Anton Dominik von Fernkorn, Karl Kundmann, Franz Melnitzky, Vinzenz Pilz, Kaspar Zumbusch und Anton Scharff vertreten, die auch an der Gestaltung der Weltausstellungsgebäude mitgewirkt hatten.

Die Architektur war im nördlichen „Pavillon des amateurs" untergebracht und zeigte zum Teil schon bei früheren internationalen Expositionen ausgestellte Pläne, Modelle und Skizzen der neuen Ringstraßenpaläste sowie weiterer Großbauten. Die berühmtesten Architekten wie Heinrich von Ferstel, Emil von Förster, Theophil von Hansen, Moritz von Löhr, Friedrich Schmidt, Gottfried Semper, Karl von Hasenauer und Alexander von Wielemans waren hier zu finden. In erster Linie wurden öffentliche Prachtbauten präsentiert und durch Modelle veranschaulicht, von der Universität, dem Rathaus, einem Projekt der Fünfhauser Kirche über die Börse, das Parlament und die Akademie der bildenden Künste bis hin zu den neuen Bahnhofsbauten von Wilhelm Flattich.[305] Besonderes Interesse erregte das Modell Sempers und Hasenauers für eine den Ring überspannende Verbindung der Hofburg mit den Museen durch einen Triumphbogen.[306] Auffallend war das nahezu gänzliche Fehlen von Skizzen und Plänen privater Paläste und Wohnhäuser.

Im großen und ganzen folgte man bei der Auswahl der Exponate dem etablierten, bürgerlichen Zeitgeschmack. Vorwiegend Anerkanntes und bereits Ausgestelltes wurden gezeigt. Für die Zeitgenossen galt Frankreich nach wie vor als unbestrittene Führerin auf sämtlichen Gebieten der bildenden wie angewandten Künste. Österreich war durch die Leistungen des Kunstgewerbes und der Architektur, deren Entwicklung in direktem Zusammenhang mit dem Ausbau Wiens stand, auch international gesehen ausgezeichnet vertreten. Trotz der ungünstigen wirtschaftlichen Verhältnisse wurden in der österreichischen Kunstabteilung Werke im Wert von 66.460 Gulden angekauft.[307]

c. Wohnkultur

Die riesigen Dimensionen des Weltausstellungsgeländes ermöglichten die Errichtung von Mustergebäuden zur Demonstration und zum Vergleich unterschiedlicher Bauweisen und Lebensformen. Für die Entfaltung und Entwicklung der volkskundlichen Sammlungen sowie der neuen musealen Form des Freilichtmuseums gaben die Weltausstellungen des 19. Jahrhunderts und insbesondere die Wiener Exposition entscheidende Impulse.

1867 wurden in Paris die Besucher erstmals durch naturgetreue Kopien niederösterreichischer, ungarischer, Tiroler- und steiermärkischer Bauernhäuser sowie durch ägyptische Moscheen und ein russisches Dorf angelockt.[308] Die Wiener Weltausstellung sollte nun die Pariser an Qualität und Umfang noch weit übertreffen. Es war der Plan Schwarz-Senborns, ein „internationales Dorf" im Prater entstehen zu lassen.[309] Die Präsentation bürgerlicher und bäuerlicher Wohnkultur war jedoch nur hinsichtlich der bäuerlichen Musterbauten von Erfolg gekrönt.

Das theoretische Programm der Abteilung „Das bürgerliche Wohnhaus mit seiner inneren Einrichtung und Ausschmückung", einen Beitrag zur Lösung der „brennendsten socialwissenschaftlichen Fragen zu liefern", blieb unerfüllt.[310] Die Schwierigkeit für die Aussteller ergab sich aus der Forderung, nicht die tatsächlichen bürgerlichen Wohnverhältnisse, sondern einen anzustrebenden Idealzustand des Wohnhauses und seiner Einrichtung unter Berücksichtigung der klimatischen und lokalen Verhältnisse sowie der nationalen Bedürfnisse und Gewohnheiten darzustellen.

Ein originelles Beispiel eines Wohnhauses zeigte der Portal-, Bau- und Kunsttischler Martin Kien. Dessen einstöckiger, zierlicher Holzbau konnte zerlegt und — laut Werbeprospekt der Firma — in nur acht Tagen wiederaufgebaut werden.[311]

Die Darstellung des Arbeiterwohnhauses wurde hingegen nicht als eigene Untergruppe in das Ausstellungsprogramm aufgenommen, obwohl schon auf der ersten Weltausstellung in London 1851 zwei Arbeiterwohnhäuser gezeigt worden waren und die folgenden internationalen Expositionen sich zunehmend mit den Wohn- und Lebensverhältnissen der Arbeiterschaft befaßt hatten.

Für eine Präsentation in Frage gekommen wären z. B. jene Häusertypen zur Unterbringung der Arbeiter innerhalb des Fabriksgeländes, für die der Unternehmer aufkam. Diese in Österreich zuerst von Ziegeleien und Brauereien errichteten Werkswohnungen galten als außergewöhnliche soziale Leistung der Unternehmerschaft. Ihre kostenlose Benützung wurde jedoch als Teil des Gehaltes angesehen und verstärkte wiederum die Abhängigkeit der Arbeiter.[312] So kritisierte Dr. Viktor Adler in seinem Bericht über die Lage der Arbeiter in den Ziegeleien Heinrich Drasches in Inzersdorf die katastrophal schlechten Wohn- und Lebensbedingungen auf das schärfste.[313]

Die Behandlung der Arbeiterwohnprobleme hätte unweigerlich auf gravierende Mißstände hingewiesen, was man lieber vermeiden wollte. Das „festliche Spektakel" der Weltausstellung sollte vor allem der Reklame einzelner Unternehmen dienen.[314] Außerdem waren Nutzbauten für eine künstlerische Formgebung von geringerer Bedeutung und daher weniger interessant.

Dennoch errichteten Belgien und England einige Arbeiterwohnhäuser im Ausstellungsgelände. Das eiserne Wohnhaus der Londoner Firma Samuel C. Hemming & Comp. erhielt sogar das persönliche Lob des Kaisers.[315] Österreich zeigte lediglich Entwürfe für Arbeiterwohnhäuser von Baugesellschaften oder von böhmischen Industriellen wie Johann Liebig und Friedrich Franz Leitenberger.[316]

Im Gegensatz zu den theoretischen Zielen bei der Darstellung des bürgerlichen Wohnhauses erfolgte diejenige der Bauernhäuser unter rein praktischen Gesichtspunkten. Es sollte eine realistische Nachbildung der bekannten und bewährten bäuerlichen Wohnkultur zum gegenseitigen Vergleich und Erfahrungsaustausch gegeben werden. Diese Präsentation sollte Anregungen für die in Umwälzung befindlichen landwirtschaftlichen Produktionsweisen und Bauformen vermitteln.[317] Das „Ethnographische Dorf" wurde jenseits des Heustadelwassers angelegt. Eine genaue Beschreibung lieferte der Literaturhistoriker Karl Julius Schröer, protestantischer Germanist aus Preßburg, der für die Erforschung der Deutschen in Ungarn, vor allem für die Erfassung von deren Mundarten, viel geleistet hatte.[318] Damit begann eine neue Zeit der österreichischen Volkskunde, in der die Haus- und Geräteforschung im Vordergrund stand. Auch eine Reihe von Modellen österreichischer Bauernhäuser, die im Auftrag des Ackerbauministeriums angefertigt wurden, boten der ersten Generation der österreichischen Hausforscher Gelegenheit zu Studium und Forschung.[319]

Das „Ethnographische Dorf" bestand aus zwei deutschen Bauernhäusern, dem sächsischen Bauernhaus aus Michelsberg in Siebenbürgen und einem Bauernhaus aus Geidel bei Preßburg in Oberungarn (heute Slowakei), einer oberösterreichischen Alpenhütte, einem Vorarlberger Bauernhaus, einem Szekler Bauernhaus aus Siebenbürgen sowie einem rumänischen aus dem Banat und je einem aus Kroation und Galizien.[320] Finanzierung und Errichtung übernahmen zumeist lokale Ausstellungskommissionen oder Handels- und Gewerbekammern. In ihrem Charakter glichen die Bauten eher ländlichen Wohn- als echten Bauernhäusern. Auffallend dabei ist die Betonung des deutschen Elements, was sich auch in der zweistöckigen Bauweise ausdrückte.[321] Eine Typologie nationaler Bauernhäuser konnte jedenfalls nicht eindeutig abgeleitet werden. Die übrigen Provinzen wie Tirol oder Kärnten beschränkten sich auf Pläne und Modelle ihrer Bauernhäuser. Unterscheidungskriterien waren weniger stilistische Merkmale der Bauform – unter dem Begriff „Schweizerstil" wurden alle „ländlichen" Stile zusammengefaßt – als vielmehr die nationale Zugehörigkeit.

Einige der Bauernhäuser wie das sächsisch-siebenbürgische oder das Geideler Bauernhaus wurden während der gesamten Ausstellungszeit von Einheimischen bewohnt, um Lebensform und -kultur der einzelnen Nationen zu veranschaulichen. Vor den Augen der Besucher wurden kleinere Handarbeiten angefertigt und verkauft. Der nach Schließung der Weltausstellung häufig geäußerte Wunsch, weiterhin im Prater wohnen zu dürfen, wurde jedoch ausnahmslos von den Hofstellen abgelehnt.[322]

Zwei – allerdings untypische – Bauernhäuser wurden vom Ausland, dem Deutschen Reich und Rußland, errichtet. Der zweistöckige Fachwerkbau des Elsässer Bauernhauses trug eher städtischen Charakter. Das mit Schnitzwerk reich verzierte russische Bauernhaus wurde als „Kunstwerk nach Art russischer Bauernhäuser" von der internationalen Jury mit der Kunstmedaille ausgezeichnet.

Die lebendige Darstellung unterschiedlicher bäuerlicher Lebensformen stellte eine der Hauptattraktionen der Weltausstellung dar. Ähnliche Anziehungskraft hatte nur das orientalische Viertel. Den großen Erfolg des „Ethnographischen Dorfes" bewies die häufige Nachahmung dieser Form von Musterhäusern auf späteren Expositionen, insbesondere bei der Millenniumsausstellung 1890 in Budapest.

d. Bildung

Weltausstellungen verstanden sich als Stätten der Anschauung und Fortbildung für die kulturelle Entwicklung der gesamten Menschheit. Gleichzeitig setzten sie durch fachspezifische Darstellungen wesentliche Impulse für die Entfaltung des Bildungswesens in all seinen Ausformungen. So wurden nach der Londoner Weltausstellung 1851 in England 100 Elementar- und Zeichenschulen gegründet, und die Zahl der Gewerbeschulen, der *mechanics institutes,* stieg erheblich an.[323]

Die Betonung des Aspektes der Bildung im Programm einer Weltausstellung beweist, welch wesentlichen Bestandteil der bürgerlichen Kultur und des bürgerlichen Welt- und Selbstverständnisses sie darstellte. Insbesondere in Form einer akademischen Qualifikation diente Bildung neben dem materiellen Besitz als wichtigstes Mittel für einen sozialen Aufstieg und vermittelte höchstes Sozialprestige.[324]

Der Gruppe „Erziehungs-, Unterrichts- und Bildungswesen" wurde auf der Wiener Weltausstellung im Vergleich zu früheren internationalen Expositionen ganz besonders hohes Augenmerk geschenkt. 14 der insgesamt 95 Bände des „Officiellen Ausstellungs-Berichtes" waren diesem Thema gewidmet. Das Programm verfolgte nicht nur rein praktische, sondern auch ideell-gesellschaftliche Ziele.[325] Neben der Fortbildung zur Erlangung materiellen Wohlstandes sollte vor allem die Charakterformung des einzelnen unter humanistischen Gesichtspunkten gefördert werden. Erstmals wurden nicht nur das Unterrichts- und Schulwesen, sondern auch die Erziehung von der Geburt bis zum Schuleintritt und die Erwachsenenbildung ausführlich dargestellt, also alle Lebensphasen als Bildungsperioden interpretiert. Den Inhalt der Schau bildeten im wesentlichen die bauliche Gestaltung der verschiedenen Institute, die Lehrmittel und Unterrichtsmethoden sowie die praktischen Leistungen und Ergebnisse. Die anschauliche Präsentation von Schulhäusern, Spielzeug oder weiblichen Handarbeiten ergänzte man durch reichhaltiges theoretisches Material in Form von Statistiken.[326] Die Organisation dieser Abteilung, der eine Reihe von Fachleuten aller Wissensgebiete wie der Kunsthistoriker Rudolf von Eitelberger, der Bau- und Maschineningenieur Wilhelm Franz von Exner, der Journalist Julius Hirsch, der Pathologe Karl Rokitansky und der Geologe und Geograph Franz von Hauer angehörten, stand unter der Leitung des Kultus- und Unterrichtsministers Karl von Stremayr.[327]

Zur besseren Veranschaulichung des ersten Lebensabschnittes wurde nach einer Idee von Julius Hirsch ein „Pavillon des kleinen Kindes" errichtet, der ein absolutes Novum auf einer Weltausstellung darstellte. Eine Fülle von Spielzeug, sämtliche für die Erziehung und Pflege eines Vorschulkindes notwendigen Gegenstände, eine vielbeachtete Kinderkrippe und die Einrichtung von Kinderzimmern quer durch alle sozialen Schichten wurden hier gezeigt.[328] Nur Österreich, England, China und Japan waren in diesem Pavillon vertreten. In Anbetracht des damals noch in den Anfängen steckenden Krippen- und Kindergartenwesens kann diese Abteilung als besonderer Fortschritt auf dem Gebiet der Pädagogik gewertet werden.

Im zweiten, am stärksten vom Ausland beschickten Ausstellungsteil, dem Unterrichts- und Schulwesen, wurden sämtliche Schultypen von den Volks- und Mittelschulen über die Fachschulen, technischen Hochschulen, aber auch Blindeninstitute und Lehrerbildungsanstalten bis hin zu den Universitäten dargestellt. Auffallend war die intensive Beschäftigung mit einzelnen Unterrichtsgegenständen wie der musikalischen Erziehung, dem Geschichts- oder dem Zeichen- und Kunstunterricht.

Das öffentliche österreichische Unterrichts- und Schulwesen wurde außer von Vereinen, Schulen und Universitäten in erster Linie vom Ministerium für Kultus und Unterricht und vom Handelsministerium präsentiert. Das Bemühen um eine genaue und überzeugende Dokumentation kann als Ausdruck des Ringens der liberalen Regierungspartei um eine völlige Loslösung in Fragen des Schulwesens von den Einflüssen der Kirche aufgefaßt werden. Die Festsetzung der Schulpflicht auf acht Jahre durch das Reichsvolksschulgesetz vom 14. Mai 1869 und die Einrichtung einer interkonfessionellen öffentlichen Volksschule sowie die neu gegründeten „Staatsgewerbeschulen" sollten auf der Weltausstellung positiv herausgestellt werden.[329]

Das durch die Bestimmungen des neuen Gesetzes angeregte österreichische Musterschulhaus wurde ein voller Erfolg. Die vorbildliche Anordnung und Gestaltung der Räume, die Winterturnhalle ebenso wie die sanitäre Ausstattung sollten die modernen hygienischen Vorschriften in die Praxis umsetzen.[330]

Das einstöckige Haus enthält den Lehrsaal, die Wohn- und Studirstube des Lehrers, Küche, die Zimmer für Lehrmittelsammlungen, Bibliotheken, Neben- und Vorzimmer, alles hell, luftig und praktisch angelegt ... Der Gesammtanblick ist ein freundlicher, und der Wunsch, daß derlei Schulhäuser so rasch als möglich in allen Dorfgemeinden Oesterreichs, in denen noch der alte Schlendrian waltet, entstehen mögen, ein völlig gerechtfertigter.[331]

Dieser hauptsächlich von Privaten finanzierte Prototyp eines Schulbaus war für zahlreiche Volksschulen in der Monarchie vorbildlich und erregte auch beim Ausland größte Aufmerksamkeit.

Neben einem nordamerikanischen Landschulhaus und einem portugiesischen Schulgebäude wurde von Seite Schwedens, das ein fortschrittliches Schulsystem besaß, eine mustergültige Volksschule gezeigt, die mit einer umfangreichen Lehrmittelsammlung von Landkarten und naturwissenschaftlichen Tafeln ausgestattet war.[332]

Den dritten und letzten Schwerpunkt bildete die Erwachsenenbildung, wobei auf das in Aufbau begriffene gewerbliche Bildungswesen besonderes Augenmerk gelegt wurde. Vor allem Österreich hatte einen großen Nachholbedarf an beruflichen Fachschulen, deren Zahl in einem Jahr von 11 auf 44 angestiegen war und von denen sich weitere 40 1873 in Planung befanden.[333] In der Ausstellung wurden die für die österreichische Textilindustrie wichtigen Webeschulen ausführlich dokumentiert. Unter den Staaten des Deutschen Reiches bot das Königreich Württemberg die umfangreichste Schau. 53 Fortbildungsinstitute führten Zeichnungen, Modellierarbeiten, Dekorationsmalereien, Holz- und Elfenbeinschnitzereien und Steinhauerarbeiten vor.[334] Das für die qualitative Verbesserung industrieller Produkte entscheidende gewerbliche Bildungswesen erhielt auf der Wiener Weltausstellung wichtige Impulse. Die Frage der Arbeiterbildung wurde im Programm nicht gesondert erwähnt, dieses Thema daher nur am Rande gestreift.[335]

Erstmals war auf einer Weltausstellung der Frauenarbeit und -bildung eine eigene Abteilung gewidmet mit dem Ziel, „die Bedeutung der Frauenarbeit auf pädagogischem, volkswirtschaftlichem, künstlerischem und literarischem Gebiete in das volle Licht zu stellen, um dadurch eine Grundlage für Reformbewegungen auf dem Gebiet des weiblichen Unterrichtes" gewinnen zu können.[336] Rudolf von Eitelberger, Karl von Stremayr, Dr. Karl Holdhaus, Dr. Franz Migerka und Jacob von Falke waren maßgeblich an der Gestaltung beteiligt.[337] Auch Frauen wurden zur Mitarbeit aufgefordert, zumeist allerdings die Gattinnen der Weltausstellungsorganisatoren wie Jeanette von Eitelberger, Gräfin Wickenburg, Katharina Migerka, Baronin Helfert, Emilie von Epstein und Aglaia von Enderes. Die Ausstellungsleitung schien damit zu einem Familienunternehmen größeren Stils geworden zu sein. Die Darstellung der Frauenarbeiten hatte auch nichts mit den „nebulosen Frauenemanzipationsideen der Gegenwart"[338] gemeinsam, sondern sie sollte die Fortschritte hinsichtlich der Teilnahme der Frauen am Berufsleben, die die bürgerlich-liberale Ära gebracht hatte, aufzeigen. So erhielten der 1866 gegründete Wiener Frauenerwerbsverein und der 1869 entstandene Frauenerwerbsverein Gelegenheit, erstmals das Spektrum ihrer Tätigkeit einer breiten Öffentlichkeit vorzustellen.[339] Die damals einsetzende Organisierung der berufstätigen Frau in Vereinen und deren langsam beginnendes Vordringen in immer neue Berufssparten wurden durch die Weltausstellung gefördert.

Obwohl einige Aspekte wie die Darstellung der Arbeiterbildung und des Analphabetismus fehlten, muß die erste ausführliche Dokumentation des Erziehungs-, Unterrichts- und Bildungswesens im Rahmen einer Weltausstellung als außergewöhnliche Leistung anerkannt werden.

6. NACHLESE

a. Wirtschaftliche Folgen

Die langjährige Vorbereitungszeit und das umfangreiche, alle Bevölkerungsschichten erfassende „Rüsten" für die Wiener Ausstellung erzeugte eine Erwartungshaltung, die sich von derjenigen früherer Weltausstellungen beträchtlich unterschied. Hier spielte der Wirtschaftsoptimismus der Gründerjahre eine wesentliche Rolle. Die Weltausstellung wurde zum krönenden Höhepunkt der neu angebrochenen Ära des Wohlstandes und Friedens stilisiert. Während die „Enthusiasten" der frischgebackenen Weltstadt Wien alles im „rosigsten Licht" sahen, blieb die Stimmung der Bevölkerung in den Provinzen eher passiv und abwartend.[340] Erstere betrachteten die Schau als „culturhistorisches Ereignis, eine neue Offenbarung des Menschengeistes, eine Bereicherung des Wissens, ein Anblick, wie er dem lebenden Geschlechte gewiß nicht wieder geboten wird".[341]

Die Ansprachen der Organisatoren Schwarz-Senborn, Franz von Wertheim und Julius Hirsch und von Regierungsmitgliedern aus Anlaß vorangegangener Weltausstellungen oder bei offiziellen Gelegenheiten betonten den ideellen und materiellen Erfolg, den die Wiener Weltausstellung bringen würde. So kündigte Innenminister Lasser auf dem Festbankett zur Eröffnung des Vereinshauses des Österreichischen Ingenieur- und Architektenvereins 1872 die nachhaltige Wirkung der Weltausstellung auf das Selbstbewußtsein der Wiener an:

Tausende Fremde werden hieher kommen und in Staunen und Lob ausbrechen über die Wunder, die hier geschaffen wurden — dann wird auch mancher Oesterreicher, der bisher in Bescheidenheit sein Urteil zurückgehalten, in gehobenem Selbstgefühle sich freuen . . .[342]

Man war davon überzeugt, daß die Weltausstellung ein Jahrhundertereignis für Wien und die Donaumonarchie sein würde. Die „Neue Freie Presse" schrieb am Tag der Eröffnung:

Für Wien selbst wird diese gegenwärtige Weltausstellung Epoche machen, sie wird ihm den Stempel der Weltstadt aufdrücken. Wien wird von ihr eine Menge guter und nützlicher Antriebe empfangen, deren Wirkungen bis in die äußersten Spitzen dieses Reiches nachzittern werden.[343]

Das allgemein verbreitete Hochgefühl drückte der Herrenhausabgeordnete Dr. Hoefler folgendermaßen aus:

Ich war heute morgens am Ausstellungsplatz und habe mir dasselbe angesehen. Ich kann nichts anderes sagen, als daß mich ein wunderbares Gefühl ergriff . . . es war mir als wenn der Orient und der Okzident sich hier bei uns in Wien auf österreichischem Boden die Hände reichen würden, als wenn ein Zaubermärchen emporgestiegen wäre, . . . Ich kann nichts anders sagen, ich bin in gehobener Stimmung fortgegangen und habe mir selbst gesagt, ich fühle mich glücklich, daß dieses in meinem Vaterland aufgebaut wurde, und daß von allen Seiten her von Osten und Westen, von Norden und Süden, wenn die Völker kommen, wir ihnen etwas bieten können, was sie gewiß weder im Norden noch im Süden, weder im Osten noch im Westen in gleicher Vollendung zu sehen bekommen werden.[344]

Die Expositionen in London und Paris hatten einen Aufschwung aller Gewerbe- und Industriezweige gebracht. Dieser finanzielle Nebeneffekt einer Weltausstellung wurde nun in Wien durch den Wirtschaftsoptimismus überbetont und zur Hauptsache gemacht.[345] Der Umstand, daß höchste offizielle Stellen wie Regierungsvertreter den pekuniären Aspekt der Ausstellung herausstrichen, gab den hochfliegenden Erwartungen auf „einen ergiebigen klingenden Goldregen" noch zusätzlich Auftrieb.[346] Praktisch jeder erhoffte sich einen finanziellen Gewinn von der Ausstellung, und zu den Privatspekulationen an der Börse kamen noch die Privatspekulationen in Sachen Weltausstellung.[347]

Thatkräftige Impulse erzeugten sich in allen Ständen, Projekte wurden geschmiedet, Ideen gefaßt und verfolgt, Associationen eingegangen, Käufe und Verkäufe abgeschlossen . . . Alles rechnet. Alles spekuliert — auf die Weltausstellung.[348]

Insbesondere das Hotelgewerbe und die Eisenbahnen erhofften sich einen Anstieg der Nachfrage, der sie durch einen verstärkten Ausbau der Hotels, der Einführung neuer Bahnlinien und Intensivierung des Zugverkehrs entgegenkommen wollten.

Im Mai blieben die Gäste jedoch beinahe zur Gänze aus. Vergleicht man die monatlichen Besucherzahlen, so zeigte sich ein erstmaliges Ansteigen im Juni und ein deutlicher Aufschwung erst im September und Oktober.[349] Galten schon in London und Paris die Herbstmonate als eigentliche Ausstellungszeit, so wurde dieser Effekt in Wien durch das Abklingen der wirtschaftlichen Krise und das Nachlassen der Choleraepidemie noch verstärkt. Gleichzeitig besserte sich die allgemeine Stimmung zugunsten der Weltausstellung.[350] Dennoch stellten sich die erwarteten 10 Millionen Besucher nicht ein. 7,254.693 Personen durchschritten die Sperren, was im Vergleich zur vorhergegangenen Pariser Weltausstellung 1867, die ca. 11 Millionen Besucher zu verzeichnen hatte, einen Mißerfolg darstellte.[351] Sicherlich spielte hier auch die geographische Lage Wiens am Rande des europäischen Verkehrsnetzes eine Rolle.

Ein wesentlicher Grund für das Fernbleiben der Fremden lag an den enorm hohen Preisen der Hotels, Gastwirtschaften und der Verbrauchsgüter des täglichen Bedarfs. Schon Monate vor der Eröffnung hatte Wien eine Teuerungswelle erfaßt, die alle Gewerbezweige betraf und nicht zuletzt auf den gesteigerten Bedarf an Rohmaterialien infolge der gigantischen Bautätigkeit zurückzuführen war. Schon im Mai 1873 versuchte die Gemeinde Wien durch Kontrollen und Sanktionen der Preistreiberei Einhalt zu gebieten.[352] Auch die Generaldirektion warnte die Besitzer von Gaststätten innerhalb der Ausstellung, die Gäste nicht durch übertrieben hohe Preise vom Besuch abzuschrecken.[353]

Dennoch blieben die neu- und umgebauten Hotels sowie die von der Gemeinde Wien vorbereiteten Wohnungen und Massenquartiere großteils leer. Die Situation war für die Existenz vieler derart bedrohlich, daß geradezu eine Treibjagd auf die bei den Bahnhöfen ankommenden Gäste veranstaltet wurde.[354] Infolge des schwachen Geschäftsganges kam es noch während der Ausstellung zur Einstellung mehrerer Verkehrslinien wie der Dampfomnibusse auf dem Donaukanal oder einer französischen Omnibuslinie. Die Warenvorräte quollen über und mußten mit Verlust abverkauft werden. Im Juni waren die Löhne um 30 Prozent und die Geschäfte gar um 50 Prozent zurückgegangen.[355]

Der schwache Besuch der Weltausstellung wirkte sich auch auf deren Budget negativ aus. Die Gesamteinnahmen betrugen 4,2 Millionen Gulden, wovon die eine Hälfte aus dem Erlös des Kartenverkaufs, die andere aus Platzmieten, Konzessionen und dem Verkauf von Objekten stammte.[356] Dem standen Kosten von 19 Millionen Gulden gegenüber. Das Defizit hatte zur Gänze der Staat zu tragen.

b. Börsenkrach und Cholera

Ist die Weltausstellung aus der Sicht des 20. Jahrhunderts eindeutig zu den kulturellen Höhepunkten der Gründerzeit zu rechnen, so erschien diese unter dem Eindruck der Ereignisse des Jahres 1873 in Wien für die Zeitgenossen als gänzlich gescheitert. Das „Neue Wiener Tagblatt" schrieb anläßlich des Schließens der Ausstellung zu Allerseelen unter dem Titel „An den Gräbern der Weltausstellung":[357]

Um Illusionen ärmer, um Erfahrungen reicher nehmen wir heute am Tage Allerseelen am Tage der Trauer Abschied von der bang bewegten Epoche der Täuschungen und Enttäuschungen, beschließen wir die unglückselige Ausstellungszeit.[358]

Die triste Stimmung in Wien betraf nicht nur die Weltausstellung, die der Kritiker Ferdinand Kürnberger als „unser zweites Königgrätz" bezeichnet hatte,[359] sondern ist vor allem in Zusammenhang mit dem Börsenkrach und der Choleraepidemie zu sehen, die nach Auffassung des Bürgermeisters Felder die eigentlichen „Todtengräberdienste" für die Wiener Exposition versehen hatten.[360]

Der Ausbruch des Börsenkrachs acht Tage nach Ausstellungseröffnung am 9. Mai setzte der konjunkturellen Hochblüte der Gründerzeit ein vorläufiges Ende und dazu den Auftakt einer auch international jahrelang anhaltenden Wirtschaftskrise. Obwohl die Zeitgenossen die Hauptschuld für den „Krach" der Weltausstellung zuschoben, verzögerte diese vielmehr den Ausbruch einer schon 1872 zu eskalieren drohenden Krise.[361] Der 1. Mai wurde geradezu „als Apotheose der neuen volkswirtschaftlichen Entwicklung" erträumt.[362]

Der Börsenkrach hatte sich schon Monate vorher angekündigt und war letztlich unvermeidlich. Nur die Hoffnung auf einen kräftigen Kapitalzustrom zur Eröffnung der Weltausstellung verhinderte einen früheren Zusammenbruch und ließ die Gläubiger noch zuwarten. An der Börse zeigte sich der Einfluß der Weltausstellung vor allem im Bereich der Baueffekte und Bahnwerte. Abgesehen davon stieg die Zahl der Bau- und Hotelgesellschaften rapid an. Bereits im April 1873 hatte die Österreichische Creditanstalt für Handel und Gewerbe ihren Kreditnehmern infolge ungünstiger wirtschaftlicher Nachrichten aus Frankreich einen Reportkredit von 20 Millionen Gulden aufgekündigt. Dieser Akt der ersten Großbank der Monarchie kann als der entscheidende Auslöser für den Börsenkrach am 9. Mai angesehen werden. Die Folge war zwar nur ein mäßiger Kursrückgang, dieser zog aber schon einige Exekutionen an der Börse und kleinere Insolvenzen – in der letzten Aprilwoche bereits 18 – nach sich, von denen sich die Börse nicht mehr erholen konnte.[363]

Die glanzvolle Eröffnung der Weltausstellung ließ die Hoffnungen auf eine Beruhigung der Börse noch einmal aufflammen, doch setzte sich die Deroute weiter fort. Seit dem 1. Mai stiegen die Insolvenzen täglich an, ab dem 7. Mai zählte nur mehr bares Geld, und die Kreditkäufe hörten auf. Am 8. Mai wurden dann 110 und am 9. Mai, dem „schwarzen Freitag", 120 Insolvenzen gemeldet, die den völligen Zusammenbruch des Börsenverkehrs brachten.[364] Noch im Laufe des Jahres 1873 gerieten 8 Banken, 2 Versicherungsgesellschaften, 1 Eisenbahnunternehmen und 7 Industriegesellschaften in Konkurs; 40 Banken, 6 Versicherungsgesellschaften, 1 Eisenbahnunternehmen und 52 Industriegesellschaften mußten liquidiert werden.[365]

Ein Großteil der seit 1866 gegründeten Banken in Wien und den Provinzen verloren ihre Existenz. Der Gesamtschaden durch Wertminderungen auf dem österreichischen Effektenmarkt betrug 1.500 Millionen Gulden. Interessant dabei ist, daß die Staatspapiere keine Kursverluste erlitten, was die unseriösen Geschäfte der zu Schaden gekommenen Institute beweisen.[366]

Das Spekulationsfieber hatte weite Kreise gezogen: nicht nur die Börsenspekulanten, sondern auch viele Kleingewerbetreibende und Angestellte hatten an der Börse ihr Glück versucht und ihren gesamten Besitz verloren. Das Vertrauen in die Börse war geschwunden. Handel, Gewerbe und Industrie wurden stark in Mitleidenschaft gezogen. Außerdem hatte der wirtschaftliche Rückgang ein drastisches Ansteigen der Arbeitslosigkeit zur Folge.[367]

Die Stimmung in Wien war äußerst bedrückend. 1873 wurden 152 Selbstmorde registriert; 1874, als das volle Ausmaß der Katastrophe sichtbar wurde, stieg die Zahl auf 214 an.[368] Im Jänner 1874 erschoß sich General Gablenz, im Herbst 1874 mußte der Feldmarschalleutnant Graf Bellegarde seinen Abschied als Generaladjutant Sr. Majestät nehmen, weil er zu arg „verkracht" war, und Ende 1874 war das Herrenhaus gezwungen, seine Einwilligung zur strafgerichtlichen Verfolgung Graf Wickenburgs zu erteilen, der sich als Verwaltungsrat der Elementarversicherungsbank wegen Betrugs zu verantworten hatte.[369]

Das volle Ausmaß der Erschütterung zeigten aber erst die folgenden Jahre. Die wirtschaftliche Depression erfaßte ganz Europa sowie die Vereinigten Staaten von Nordamerika und hielt bis ungefähr 1878 an.[370] Wenn sich auch die allgemeine Situation danach besserte, so erfolgte die anschließende Aufwärtsbewegung in wesentlich langsamerem Tempo.

Gemeinsam mit der Stockung des Wirtschaftsaufschwunges erhielt auch der Siegeszug der Deutschliberalen in die Regierung einen empfindlichen Rückschlag. Ihre Verwicklung in die Spekulationsskandale war zu offenkundig, außerdem hatten sie die Weltausstellung auf ihre Fahnen geschrieben. Die finanziellen Einbußen nahezu aller Schichten und der völlige Ruin ärmerer Bevölkerungskreise dämpften rasch die Begeisterung für die Weltausstellung, der man die Schuld an der Misere gab. Der Ausstellungsbesucher und Verehrer Wiens, der Berliner Julius Rodenberg, schrieb dazu:

Aber unheilbar geschädigt von ihm (dem Börsenkrach) ward die Weltausstellung, sie, die den vier vorhergehenden an Großartigkeit und allgemeiner Theilnahme nicht nachstand, ihnen vielleicht an Schönheit und ganz gewiß an Universalität noch überlegen war.[371]

Den Aufregungen des Mai folgte im Hochsommer eine Choleraepidemie, die den Erfolg der Weltausstellung ähnlich stark beeinträchtigte. Nach Auftreten vereinzelter Todesfälle während der ersten Monate des Jahres 1873 kam es gegen Ende Juni zum Ausbruch der Seuche. Vermutlich von einem aus Treviso kommenden Kaufmann eingeschleppt, befiel die Cholera im Weltausstellungshotel „Donau" in der Nordbahnstraße innerhalb von drei Tagen 13 Personen, wovon 8 sofort starben.[372] Die ca. 400 Gäste verließen daraufhin fluchtartig das Hotel. Die ersten Fälle betrafen vor allem Fremde aus dem Osten.[373] Die Zahl der Choleraerkrankungen und -toten stieg schnell an und erreichte schließlich im August ihren Höhepunkt. Im ganzen Jahr 1873 starben in Wien 2.983 Menschen, in Cisleithanien waren es 106.441 und in Transleithanien sogar 182.599.[374] Besonders heftig wütete die Epidemie in Ungarn, Siebenbürgen und in Galizien, wo 3.611 Ortschaften infiziert wurden und 94.760 Tote zu beklagen waren. Die westlichen und südlichen Regionen der Monarchie blieben dagegen verschont.

Der hohe Fremdenzustrom aus dem Osten der Monarchie, die unzureichende Trinkwasserversorgung sowie die schlechten sanitären und hygienischen Verhältnisse der Stadt hatten zum Ausbruch der Epidemie geführt. Seitens der Gemeinde Wien hatte man allerdings nach der Blatternepidemie von 1872 schon mit einem früheren Ausbruch der Cholera gerechnet.[375] Im Vergleich zu den Gebieten im Osten war Wien noch relativ gut davongekommen. Die eigentliche Epidemie dauerte 141 Tage bzw. 20 Wochen. Ihr Höhepunkt zwischen Ende Juli und Ende September traf mit den wichtigsten Ausstellungsmonaten zusammen.[376] Während Wiens innere Stadt nahezu verschont blieb, hatte in Neubau, Mariahilf, der Leopoldstadt und im Bezirk Landstraße fast jedes Haus Todesfälle zu beklagen.[377] Infolge der katastrophalen Wohnverhältnisse unter den ärmeren Bevölkerungsschichten starben 1.525 Menschen der „arbeitenden Classe" gegenüber nur 639 der „bemittelten Classe".[378]

Da sich die Cholera auf einige Bezirke konzentrierte, bemerkte die Bevölkerung in den übrigen Stadtteilen nur wenig von der Epidemie. So versuchte der in Wien lebende Münchner Bildhauer Kaspar von Zumbusch einen Freund zum Besuch Wiens trotz der Horrormeldungen der ausländischen Presse zu überreden:[379] Die Cholera grassiere nur in Armenvierteln, Massenquartieren und Kasernen und habe auf das tägliche Leben überhaupt keinen Einfluß; panische Stimmung hätte lediglich die auswärtige Presse erzeugt, um der Weltausstellung und Wien zu schaden.

Die Berichte der Tagesblätter hatten viele Besucher im Ausland von einem Wienbesuch abgehalten. Auch der Schah ließ vor seiner Anreise Erkundigungen über den Gesundheitszustand der Wiener Bevölkerung einholen.[380] Erst als die Stadt im Herbst wieder als gesund betrachtet wurde, setzte der Besucherstrom in vollem Ausmaß ein.

Trotz der relativ hohen Opferzahl war der prozentuelle Anteil der Choleratoten an der Gesamtbevölkerung im Vergleich zu früheren Epidemien sehr niedrig.[381] Zugleich war dies die letzte Choleraepidemie, die Wien überhaupt zu verzeichnen hatte.

Die Hälfte der Erkrankten wurde in öffentlichen Spitälern der Gemeinde Wien versorgt. Zusätzlich zu dem bereits 1872 erbauten Blatternspital mußten noch zwei weitere Notspitäler eingerichtet werden. Die übrigen Patienten wurden privat versorgt.[382] Die zeitweise prekäre Versorgung der Choleraerkrankten beschleunigte nach 1873 den Ausbau des Spital- und Gesundheitswesens.

c. Die Ausstellung als politisches Spielfeld

Erst die internationalen Expositionen seit 1851 verliehen dem Ausstellungswesen neben seiner wirtschaftlichen Bedeutung auch politische Relevanz. Gerade der Rahmen einer Weltausstellung eröffnete dem jeweiligen Gastgeberland zahlreiche Möglichkeiten zu politischer Aktivität. Primär repräsentativ-gesellschaftlichen Zwecken dienende Fürstenbesuche wurden schon vor 1873 zu Zusammenkünften diplomatisch-politischen Charakters genützt. Hinsichtlich der Zahl und Bedeutung der Visiten ausländischer Staatsoberhäupter übertraf nun die Wiener Weltausstellung alle vorhergegangenen.

Galt eine Ausstellung prinzipiell als friedlicher Wettkampf der sich beteiligenden Länder, so wurde dieser Aspekt gerade in Wien besonders hervorgehoben. Vor dem

Abb. 22: Der Pavillon des österreichisch-ungarischen Lloyd mit Segeltakelage, im Hintergrund die ägyptische Moschee mit Minarett.

Abb. 23: Der Pavillon für Zigaretten- und Tabakspezialitäten im damals beliebten und oft verwendeten orientalischen Baustil errichtet.

Abb. 24: Das Westportal der von Karl von Hasenauer entworfenen Kunsthalle. Im mittleren Rundbogen ein Glasmosaik des venezianischen Fabrikanten Dr. Salviati.

Abb. 25: Der Zentralsaal der Kunsthalle. In der Mitte der Wand ein Riesengemälde des belgischen Malers Antoine Wiertz mit dem Titel „Der Sturz der bösen Engel".

Abb. 26 (li. oben): Das siebenbürgisch-sächsische Bauernhaus.
Abb. 27 (re. oben): Das Geideler Bauernhaus; beide mit ihren Bewohnern im Vordergrund.
Abb. 28 (li. unten): Die österreichische Schulausstellung im Industriepalast.
Abb. 29 (re. unten): Das österreichische Musterschulhaus.

Abb. 30 (unten): Die imposante ägyptische Baugruppe mit Wohn- und Bauernhaus, Bazar, Caféhaus, Moschee und Minarett verlieh der Ausstellung einen exotischen Reiz.

Abb. 31: Der japanische Garten und dessen Eröffnung durch das österreichische Kaiserpaar.

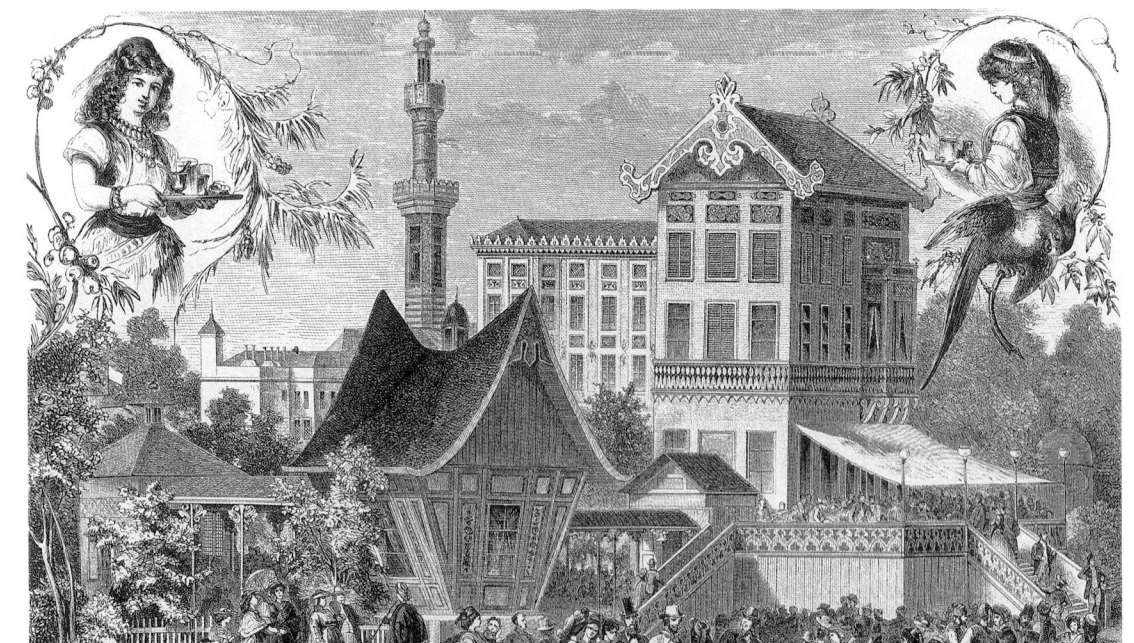

Abb. 32: Das chinesische Teehaus.

Abb. 33: Die umfangreiche japanische Ausstellung im Industriepalast mit der Nachbildung eines Buddakopfes aus lackiertem Papiermasché, nach einem Original eines Nationalheiligtums bei Yokohama.

Weltausstell...

Wallachin. Ungarin.

Praterfahrt der Perserin und Chinesin.

West-östlicher Divan.

Eine Mohrenprinzessin glaubt dem Baron Schwarz ihre Verehrung auszudrücken.

Eine Dame aus Neuseeland, die sich einen Banquier zum Soupiren eingeladen hat.

Bosnierin.

Sie kommen in Schaaren
Daß wir die Cultur seh...

Gäste aus dem Osten

Rumänin.   Siebenbürgerin.

Praterfahrt der Siamesin und Velocipedistin.

Ein indisches Bajadert,
Macht sein Debüt beim Sperl.

Türkin.   Er führt sie zum Souper,
Nachher kommt der Türk, o weh!   Eine Japanesin ist a do,
Aber ohne Mikado!

Abb. 35: Das türkische Caféhaus mit Gästen.

Abb. 36: Das orientalische Viertel. Im Vordergrund der von Dr. Emil Hardt errichtete Pavillon des „Cercle Oriental", der als Sitz des 1873 gegründeten „Comité für Orient und Ostasien" während der Ausstellung diente und in dem sich Vertreter des Orients, des Fernen Ostens und Europas zu persönlichem Gedankenaustausch trafen.

Abb. 37: Der persische Pavillon.

Abb. 38: Der persische Schah Nāsīr-ad-Dīn besuchte im Rahmen einer Vergnügungs- und Bildungsreise durch Europa auch die Wiener Weltausstellung. Das „vandalische Hausen" seines Gefolges in Schloß Laxenburg entsetzte die Hofbeamten und wurde in den Tages- und Witzblättern spöttisch karikiert.

Abb. 39: Ägypten zeigte auch Volkskundliches aus seinen südlichen Provinzen, wie hier ein Beduinenzelt aus Massana.

Abb. 40: Im Indianerwigwam, den zwei New Yorker Restaurantbesitzer errichten ließen, servierten Indianer und Neger amerikanische Longdrinks.

Abb. 41: Blick in ein tunesisches Wohnzimmer mit Kostümpuppen seiner Bewohner.

Abb. 42: Karikatur über den Preiswucher in den Restaurants und Gaststätten innerhalb der Ausstellung.

Abb. 43: Ausstellungsbesucher vor dem Musikpavillon, in dem Johann Strauß d.J. und Eduard Strauß, Carl Michael Ziehrer und Philipp Fahrbach jr. ihre eigens für die Weltausstellung komponierten Tänze und Märsche dirierten und in dem auch ein Damenorchester und eine Militärkapelle aufspielten.

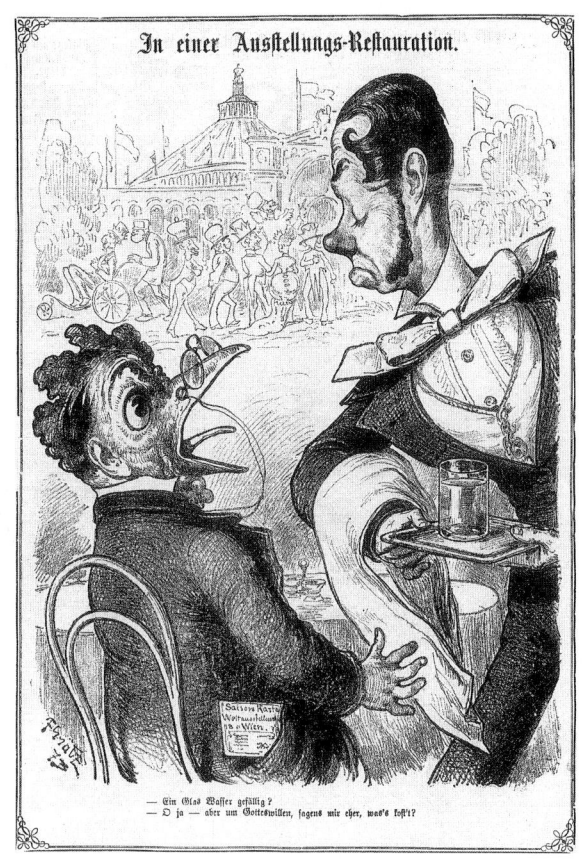

Abb. 44: Karikatur zu den überfüllten Pferdeeisenbahnen auf dem Weg in den Prater zur Weltausstellung.

Abb. 45: Menschenandrang, Stellwägen, Fiaker und Pferdetramways im Prater vor dem Westportal; im Hintergrund die Rotunde.

Abb. 46: Die Standseilbahn auf den Leopoldsberg. Als große Aussichtsbahn für die Besucher der Weltausstellung und Wiens geplant, war sie zugleich als Modell, in Plänen und laut Katalog „in natura" Exponat der Weltausstellung.

Abb. 47: Die Bergstation, das Maschinenhaus und einstöckige Aussichtswaggons der Leopoldsbergseilbahn.

Abb. 48: Die anläßlich der Weltausstellung für den Schiffsverkehr auf dem Donaukanal gebauten „Dampfomnibusse" waren noch bis ins 20. Jahrhundert als Ausflugsboote in Betrieb. Sie konnten ohne zu wenden nach vorne und rückwärts fahren. Hier ein „Dampfomnibus" im Donaukanal vor der Stephaniebrücke vor 1900.

Abb. 49: Die Börsenkatastrophe am „Schwarzen Freitag", dem 9. Mai 1873 vor dem provisorischen Gebäude der Wiener Börse auf dem Schottenring.

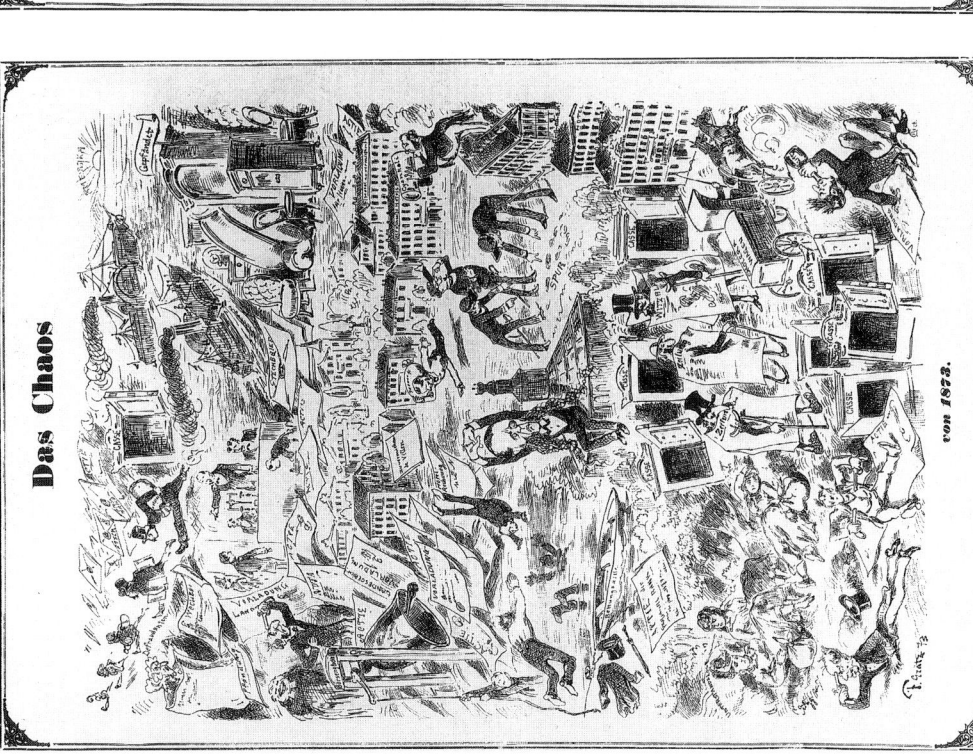

Abb. 50: Karikatur über die Folgen des Börsenkrachs, die zahlreichen Selbstmorde, den Preiswucher und die Spekulanten.

Abb. 51: Karikatur des Generaldirektors Dr. Wilhelm Freiherr von Schwarz-Senborn, der von der Presse und der Öffentlichkeit für das enorme Defizit der Ausstellung verantwortlich gemacht wurde.

Abb. 52: Der Ausstellungsplatz in der Silvesternacht am 31.12 1873. Rasch wurde das Gelände von den Ausstellern geräumt, hier die leere Prachtstraße der Ausstellung, die Elisabethavenue, und der erst später abgetragene Industriepalast sowie die Rotunde.

Hintergrund des Deutsch-Französischen Krieges 1870/71 und unter dem Eindruck der Niederlage des Jahres 1866 sollte die Wiener Weltausstellung ein „Verbrüderungsfest der Nationen" werden und zugleich als „Bürgschaft des Friedens" dienen.[383]

Die durch die Gründung des Deutschen Kaiserreiches am 18. Jänner 1871 entstandene neue europäische Mächtekonstellation erforderte eine Umorientierung der österreichisch-ungarischen Außenpolitik, die auch auf der nur zwei Jahre danach stattfindenden Wiener Weltausstellung ihren Niederschlag fand. Der seit 1871 amtierende Außenminister Graf Julius Andrássy verfolgte dabei die Politik eines stärkeren Zusammengehens mit dem Deutschen Kaiserreich und einer völligen Abkehr von Frankreich.[384] Auch der deutsche Reichskanzler Fürst Otto von Bismarck strebte eine Verständigung mit der Doppelmonarchie an.

Bereits 1872 kam es in Berlin zu einem „Dreikaisertreffen" zwischen Wilhelm I., Franz Joseph I. und Zar Alexander II. Die Miteinbeziehung Rußlands durch Bismarck mußte Österreich-Ungarn, das sich dadurch an einer ebenfalls angestrebten verstärkten Balkanpolitik behindert fühlte, eher zähneknirschend hinnehmen.

Als dann die Donaumonarchie im Juni 1873 anläßlich des Besuches Zar Alexanders II. einer bereits im Mai desselben Jahres abgeschlossenen Militärkonvention zwischen dem Deutschen Reich und Rußland beitreten sollte, um dieser dadurch erst Gültigkeit zu verleihen, lehnten Kaiser Franz Joseph und Andrássy ab.[385] Man war an einem allzu engen Bündnis mit Rußland nicht interessiert und unterzeichnete am 6. Juni, gemeinsam mit Zar Alexander II., ein wesentlich abgeschwächtes Abkommen. Diese „Schönbrunner Konvention" legte die friedliche Behandlung aller Streitfragen und eine gegenseitige Verständigung im Falle einer Veränderung des Status quo fest.[386]

Nach außen hin wurden Freundschaft unter den Fürsten und Friedenszuversicht zur Schau getragen.[387] Im Jänner 1874 stattete Franz Joseph dem Zaren in St. Petersburg einen bereits anläßlich der Weltausstellung fixierten Gegenbesuch ab.[388]

Am 22. Oktober trat der aus Gesundheitsgründen erst im Herbst mit Fürst Otto von Bismarck nach Wien gereiste Kaiser Wilhelm I. durch seine Unterschrift der Konvention bei, die damit zum „Dreikaiserabkommen" erweitert wurde. Der Besuch des deutschen Kaisers verlief in weit herzlicherer Weise als der des Zaren. Ostentativ wurde die Freundschaft und Verbundenheit der ehemaligen Feinde von 1866 demonstriert. In seiner Tischrede anläßlich eines Galadiners in der Hofburg betonte Kaiser Wilhelm I., eine Gesinnung zur „Bürgschaft des europäischen Friedens und der Wohlfahrt der beiden Völker" vorgefunden zu haben.[389] Die hier aus Anlaß der Weltausstellung erstmals vertraglich verankerte Allianz der Doppelmonarchie mit dem Deutschen Kaiserreich wurde 1879 im „Zweibund" gefestigt.

Ein weiterer wesentlicher Aspekt der neuen Außenpolitik Andrássys war die Intensivierung der österreichisch-ungarischen Interessen auf dem Balkan. Durch den besonderen Empfang der osmanischen Vasallenfürsten von Montenegro, Rumäniens und Serbiens konnten auf der Weltausstellung engere diplomatische Beziehungen als bisher zu diesen Staaten aufgenommen werden. Die Bedeutung, die Andrássy diesen Visiten beimaß, zeigt die offene Brüskierung des türkischen Botschafters durch die Vorstellung des Fürsten Carol I. von Rumänien beim Kaiser ohne vorherige Verständigung der Botschaft. Dieser Affront war mit ein Grund für das Fernbleiben des Sultans 'Abd ül-Asīs von der Weltausstellung und für die Abreise des türkischen Botschafters.[390]

Zweifellos politischen Charakter hatte auch der Besuch des italienischen Königs. Als rein gesellschaftliches Ereignis angekündigt, organisierte Andrássy die Begegnung Viktor Emanuels II. und Kaiser Franz Josephs ungeachtet der entsetzten Kommentare des Klerus und der Bestürzung der Erzherzöge der vom *risorgimento* und vom jungen Staat Italien vertriebenen habsburgischen Sekundogenituren.[391] Es war dies das erste offizielle Betreten österreichischen Bodens durch den italienischen König. Der Besuch verlief in angenehmer und harmonischer Atmosphäre und wurde von mehreren öffentlichen Sympathiekundgebungen der Wiener begleitet. Die Bedeutung der Reise trat auch äußerlich durch ein glänzendes Gefolge hervor, in dem sich viele höhere Offiziere, der Ministerpräsident Minghetti und der Minister des Äußeren Emilio Visconti-Venosta befanden.[392] Im Jahr 1875 erwiderte Franz Joseph die Visite, blieb aber aus Rücksicht auf den Papst der italienischen Hauptstadt Rom fern und traf den König in Venedig.[393]

Die Anwesenheit der bereits erwähnten Fürsten und Gesandtschaften diente vor allem der Aufrechterhaltung und Intensivierung diplomatischer Beziehungen. Besonderes Interesse und Engagement zeigte die japanische Delegation, nicht nur bezüglich aller wirtschaftlichen und kulturellen Fragen, sondern auch hinsichtlich einer Profilierung Japans gegenüber dem Abendland.[394]

Anläßlich der Eröffnung des Reichsrates am 5. November hob Kaiser Franz Joseph die Bedeutung der Fürstenbesuche für die österreichische Außenpolitik hervor:

Die Besuche, welche Mir die Herrscher benachbarter und ferner Reiche während der Weltausstellung erstatteten, haben die Bande der Freundschaft mit diesen Reichen enger geknüpft, die Bürgschaften des Friedens vermehrt und der Stellung der Monarchie im Kreise der Staaten erhöhtes Ansehen verliehen.[395]

Die hohe Zahl der fürstlichen Gäste und die Unterzeichnung des „Dreikaiserabkommens" galten im Gegensatz zum wirtschaftlichen Fiasko als besonderer Erfolg der Weltausstellung.

Innenpolitisch hatte die Weltausstellung weniger direkte Konsequenzen. Hier wirkte sich die erst zu Beginn des Jahres 1873 beschlossene Wahlreform zugunsten der Verfassungspartei aus. Als eine der ersten Leistungen des Ministeriums Auersperg-Lasser durchgeführt, nahmen die neuen Gesetze Rücksicht auf die deutschen Minderheiten und sahen als wesentliche Neuerung die direkte Wahl der vier Kurien der Großgrundbesitzer, Städte, Handelskammern und Landgemeinden für das Abgeordnetenhaus des Reichsrates vor.

Trotz der verheerenden Auswirkungen des Börsenkrachs, des Defizits der Weltausstellung sowie der Verstrickung einiger prominenter liberaler Politiker in die Finanzskandale und -spekulationen kam es bei den Herbstwahlen 1873 – infolge des geänderten Wahlrechtes – noch zu keinen wesentlichen Stimmeneinbrüchen für die deutsch-liberale Regierungspartei. Erst sechs Jahre später, 1879, mußte das Ministerium Auersperg-Lasser zurücktreten.

So brachte das Jahr 1873 für das liberale Ministerium Auersperg-Lasser letztlich nicht den erwarteten Prestigegewinn, sondern leitete vielmehr das Absinken des Einflusses der Liberalen im Staat und auch in der Reichshaupt- und Residenzstadt Wien ein. 1903 schrieb Gustav Kolmer dazu:

Die Bourgeoisie hatte sich übernommen und eine große Niederlage erlitten. Die politischen Ratten verließen das Schiff des liberalen Bürgertums.[396]

Hinsichtlich der Auseinandersetzungen der politischen Gruppierungen und Interessensvertretungen bedeuteten die Ereignisse von 1873 einen entscheidenden Anstoß für die Ausbildung eines bis dahin noch wenig differenzierten Parteienwesens.

d. Wien feiert

Das Wiener Gesellschafts- und Kulturleben zeigte sich im Sommer 1873 von der wirtschaftlichen Katastrophe des Börsenkrachs und den Auswirkungen der Cholera kaum berührt. Zahlreiche von offizieller wie von privater Seite organisierte Festveranstaltungen begleiteten die Weltausstellung. Die k.u.k. Reichshaupt- und Residenzstadt sah sich verpflichtet, ihrem Ruf als Musikstadt und als kulturellem wie gesellschaftlichem Mittelpunkt der Monarchie gerecht zu werden. Für die Organisatoren und Initiatoren der Weltausstellung eröffneten die festlichen Ereignisse eine zusätzliche Möglichkeit zu repräsentativer Selbstdarstellung.

Den absoluten Höhepunkt des Festreigens bildete das von der Generaldirektion gemeinsam mit dem Handelsministerium am 22. August im Ausstellungsrayon veranstaltete „Weltausstellungsfest", an dem neben dem Kaiser und dem Kronprinzen von Sachsen rund 100.000 Personen teilnahmen. Johann Strauß, vier Militärkapellen und der Männergesangsverein spielten auf. Die elektrische Beleuchtung der Rotunde rief großes Staunen und hellste Begeisterung bei den Besuchern hervor.[397]

Darüber hinaus beging Wien das Ereignis der Weltausstellung mit unzähligen Theateraufführungen, Konzert- und Opernvorstellungen sowie Bällen. Die Stimmung war durch die Anwesenheit der vielen Fremden, vor allem der ausländischen

Fürsten, äußerst angeregt. Über den Einfluß der Weltausstellung auf das Treiben der Wiener Gesellschaft schrieb die Hofdame der Kaiserin, Marie Festetics:

Das ist kein Leben, sondern ein Rausch!!! Die Weltausstellung ist wie ein Fegefeuer, das Alles verschlingt. Alle Interessen scheinen verschwunden, und die Sucht, recht toll zu genießen, setzt über Alles hinweg, als wenn wirklich aller Ernst verschwunden. Es ist fast beängstigend.[398]

Das Ereignis der Ausstellung öffnete der Wiener Gesellschaft sonst verschlossene Salons. So wurde das Haus des Leiters der handelspolitischen Abteilung im Ministerium des Äußeren, Max von Gagern, zum Treffpunkt der ausländischen Kommissäre mit den Vertretern der geistigen Elite der Wiener Gesellschaft. Zu den Stammgästen gehörten die Philosophen Franz Brentano und Robert Zimmermann, der Nationalökonom Lorenz Stein, der Bildhauer Kaspar von Zumbusch, der Architekt Karl von Hasenauer sowie der Staatsmann Anton von Schmerling und die offiziellen Vertreter Ostasiens, als deren Dolmetsch die Brüder Alexander und Heinrich von Siebold auftraten.[399] Gagern hatte als erfahrener Diplomat den offiziellen Auftrag, im Rahmen der Weltausstellung die Kontakte mit dem Ausland zu pflegen. Um dieser Aufgabe besser nachkommen zu können, ließ er sich 1873 in den Ruhestand versetzen.[400]

Besonderer Beliebtheit erfreuten sich die großen Tanz- und Vergnügungsetablissements. Hier sind die „Neue Welt", der populärste Ballsaal Wiens, sowie die neu eröffnete „Alhambra" des Kaffeesieders Karl Schwender in Hietzing und das Lokal „Zum Sperl" in der Leopoldstadt, in dem schon Johann Strauß Vater gespielt hatte, zu nennen.[401] Zur Ausstellung richtete auch der ehemalige Direktor des Harmonietheaters Robert Löwe im Prater 1873 ein „Internationales Weltausstellungs-Café und Restauration Chantant", das „Neue Wiener Orpheum", ein.[402] Fast täglich fanden hier „Weltausstellungsmaskenbälle" und andere Tanzvergnügungen statt.

Auch das Theaterprogramm der Wiener Bühnen war von der Weltausstellung geprägt. So führte das Theater an der Wien ein Quodlibet von Karl Millöcker, „Theatralische Weltausstellungsträume", auf, das sehr gut ankam und achtundzwanzigmal *en suite* gespielt wurde.[403] Im August gab das Fürsttheater eine Parodie auf den Börsenkrach unter dem Titel „Die Jagd nach dem Geld" oder „Der große Krach".[404]

Die Theater blieben jedoch von der wirtschaftlichen Krise des Jahres 1873 nicht verschont. Das von Friedrich Strampfer gegründete „Strampfertheater" im ehemaligen Gebäude der Gesellschaft der Musikfreunde in der Tuchlauben war erst 1871 umgebaut und eröffnet worden, mußte aber schon am 2. April 1874 infolge finanzieller Schwierigkeiten wieder geschlossen werden.[405] Der deutsche Kronprinz und der Prinz von Wales hatten es noch am 6. Mai 1873 besucht.[406] Auch das unter der Direktion von Marie Geistinger und Maximilian Steiner stehende Theater an der Wien litt unter der Wirtschaftskrise.

Dennoch hatten der Wirtschaftsaufschwung und die Weltausstellung den Ausbau und die Gründung neuer Theater gefördert. Das Wiener Stadttheater war erst 1872 als bürgerliches Theater neben dem Hoftheater eröffnet worden. Zunächst von Heinrich Laube und Max Friedländer geleitet, brannte es 1884 aus und wurde danach zum Etablissement und Varieté Ronacher umgebaut.[407] Das ebenfalls noch junge Fürsttheater war 1873 von einer Singspielhalle in ein Theater umgestaltet worden.

Das Konzertwesen beherrschten die Aufführungen der Familie Strauß. Das von Johann Strauß Vater und Sohn, daneben von Johann von Herbeck, dem Direktor der Hofoper, und Hofopernkapellmeister Felix Otto Dessoff dirigierte Festkonzert der chinesischen Ausstellungskommission im Musikvereinsgebäude am 4. November gehörte zu den umjubeltsten der Saison. Im Anschluß an Werke von Haydn, Mozart, Beethoven und Schubert wurde der 1867 komponierte „Donauwalzer" gespielt.[408] Einen außerordentlichen Erfolg erzielte Johann Strauß mit der Uraufführung der Operette „Carneval in Rom" am 1. März 1873, deren Themen sich zu Lieblingsmelodien des Ausstellungsjahres entwickelten. Das Werk wurde 1873 im Theater an der Wien vierundfünfzigmal gegeben.[409] Am 26. Oktober 1873 feierte der 1868 nach Wien berufene Anton Bruckner, k.k. Hoforganist und Professor am Wiener Konservatorium, mit der Uraufführung seiner Zweiten Symphonie in c-moll durch das Orchester der „Philharmonischen Concerte" im Musikvereinssaal ebenfalls einen großen Erfolg.[410]

Wie sehr die Wiener entgegen allen äußeren Zeichen die Enttäuschung über den ausgebliebenen Geldregen in Vergnügungen ertränkten, beweist der Inhalt der von Johann Strauß noch 1873 begonnenen „Fledermaus", die dann am 5. April 1874 im Theater an der Wien uraufgeführt wurde. Obwohl sich die Operette im Ausland rascher als in Wien durchsetzte, traf sie sehr gut die Stimmung des Wiener Bürgertums nach den Erfahrungen der Wirtschaftskrise: „Glücklich ist, wer vergißt, was doch nicht zu ändern ist" wurde zur Maxime.[411]

e. Auswirkungen auf die Stadt

Das Ziel der Stadtväter, das „neue" Wien dem internationalen Publikum vorzuführen, wurde nur ansatzweise erfüllt. Die unfertigen Ringstraßenbauten sowie die zur Weltausstellung noch in Bau befindlichen Brücken und Verkehrswege enttäuschten vor allem diejenigen Besucher, welche die früheren Expositionen in Paris oder in London gesehen hatten. So konnte die Zahnradbahn auf den Kahlenberg erst 1874 eröffnet werden.

Das äußerst zurückhaltende Engagement am Weltausstellungsunternehmen seitens der Gemeinderäte und vor allem des Bürgermeisters Felder enthob diese in den Augen der Öffentlichkeit weitgehend von der Verantwortung für das hohe Defizit und das Mißlingen der Exposition. Das bewiesen auch die nachfolgenden politischen

Konstellationen im Wiener Gemeinderat, in dem sich die liberale Partei noch wesentlich länger als in der österreichischen Regierung halten konnte.

Natürlich war auch die Stadt Wien von den Folgen des Börsenkrachs, vor allem vom ausbleibenden Geldzustrom, schwer getroffen. Bürgermeister Felder mußte 1873 sogar einen Wechsel über 9 Millionen Gulden zeichnen, um die Beamtengehälter bezahlen zu können.[412]

Hinsichtlich der Ausbildung einer modernen Stadtverwaltung und stärkeren Reglementierung setzte das Ereignis der Weltausstellung wichtige Impulse. So wurden das kommunale Wohnungswesen, der Ausbau der öffentlichen Verkehrsmittel und die Verbesserung des Gesundheitswesens intensiviert.

Die riesige Ausstellungsstadt hatte den Prater in einen der belebtesten Bezirke Wiens verwandelt. Damit sollte gemäß den Bestimmungen des Hofärars nun aufgeräumt und das vormalige Erholungsgebiet restlos wiederhergestellt werden. Nur die „Volkspraterregulierung" war von vornherein als bleibende Veränderung projektiert gewesen.

Am 29. Jänner 1874 erfolgte mit a. h. Entschließung die Auflösung der Generaldirektion, des Administrationsrates und der kaiserlichen Ausstellungskommission.[413] Zugleich übernahm eine Abteilung des Handelsministeriums die nachfolgenden Agenden.[414] Der bisherige Leiter des Administrationsrates Hofrat Heinrich Ritter Fellner von Feldegg wurde mit der Durchführung betraut. Zu den Aufgaben dieser Abteilung gehörten der Rücktransport der Exponate, die Verhandlungen mit den in- und ausländischen Kommissionen wegen der noch nicht bezahlten Platzmieten sowie die Abtragung der Gebäude.[415]

Mit Ende der Weltausstellung setzte ein reges Handels- und Tauschgeschäft mit den Ausstellungsgegenständen ein. Einerseits verschenkten viele, meist ausländische Aussteller ihre Exponate, um sie nicht wieder nach Hause transportieren zu müssen, andererseits bemühten sich öffentliche und private Institutionen um die preisgünstige Erwerbung interessanter Stücke. Infolge der unglücklichen Ereignisse rund um die Weltausstellung wurde einer nachträglichen Dokumentation dieses Wiener Großereignisses keine Beachtung geschenkt.

Sofort nach Schließung der Schau war mit der Abtragung der kleineren Pavillons begonnen worden, sodaß gegen Ende Juni 1874 nur mehr die von der Generaldirektion errichteten größeren Ziegelbauten standen.[416] In den meisten Fällen wurde das Baumaterial verkauft. Manche Gebäude sollten auch an anderen Orten wieder aufgebaut werden.[417] Zahlreiche Gesuche um die Erhaltung der Gebäude wurden abgelehnt, da das Naturgebiet des Praters unter allen Umständen bewahrt werden sollte.

Die Entscheidung über die Belassung einiger stabil gebauter Expositionshallen und Verwaltungsgebäude lag jedoch beim Obersthofmeister und zuletzt beim Kaiser selbst. Zunächst blieben alle aus Ziegeln errichteten Gebäude von der Demolierung verschont. Am 22. Juli 1875 genehmigte der Kaiser den Verbleib einzelner Gebäude im Prater.⁴¹⁸ Die Rotunde und die Maschinenhalle sollten auf fünf, die beiden „Pavillons des amateurs" auf zehn Jahre erhalten bleiben. Alles übrige mußte bis Ende 1876 abgetragen werden. Die Bewahrung der Industriehalle und der ägyptischen Gebäude wurde zwar in Erwägung gezogen, jedoch aus finanziellen Gründen wieder aufgegeben. So wurde der Kaiserpavillon abgetragen und die Einrichtung dem Österreichischen Museum für Kunst und Industrie überlassen; die schwedischen Häuser und das „japanische Dörfchen" wurden für das Vergnügungszentrum des Alexandria-Palastes in London angekauft, der Pavillon der Fürsten Schwarzenberg und die russischen Holzhäuser sollten abgebaut und neu aufgestellt werden.⁴¹⁹

Die endgültige Räumung des Terrains von Baumaterialien und die Übergabe an das Oberstbofmeisteramt und die a.h. Privat- und Familienfonds erfolgten im September 1877. Die Hofstellen erhielten eine finanzielle Entschädigung für die „Devastation", um Prater und Krieau neu zu kultivieren.⁴²⁰ Die Erhaltung des Volkspraters als öffentliches Erholungszentrum stand dabei im Vordergrund. Die befristete Belassung der Rotunde, der Maschinenhalle und der beiden „Pavillons des amateurs" zeigt die unentschlossene Haltung der Hofstellen, die allzu hohe Instandhaltungskosten vermeiden wollten.⁴²¹ Die wiederholte Verzögerung des Abbruchs bis zur endgültigen Aufgabe des Plans hatte hinsichtlich der Rotunde finanzielle Gründe, da eine Demolierung mehr gekostet hätte als die Erhaltung.

Von vornherein stand fest, daß die Maschinenhalle als mögliches Lagerhaus nächst der neuregulierten Donau, als Atelier oder als Werkstätte vermietet werden sollte.⁴²² Erst 1876 fand das Handelsministerium einen zahlungskräftigen Interessenten. Bürgermeister Kajetan Felder rechnete es sich indessen als besondere Leistung an, die Halle als Lagerhaus zur Approvisionierung der Stadt gewonnen zu haben.⁴²³ Nach Verlängerung des Pachtvertrages bis 1885 ging das Gebäude ganz in den Besitz der Gemeinde Wien über.⁴²⁴

Für die massiv gebauten „Pavillons des amateurs" meldeten bereits im Jahr 1873 Bildhauer und Maler der Akademie der Bildenden Künste ihr besonderes Interesse an.⁴²⁵ Damit könnte der mit dem Bau der Ringstraßenpaläste entstandenen Raumnot der bildenden Künstler Abhilfe geschaffen werden. Die Erhaltung der Pavillons als Bildhauerateliers wurde durchgesetzt, der Vertrag zur Überlassung der Gebäude konnte jedoch nur auf fünf bis zehn Jahre abgeschlossen werden.⁴²⁶

1875 war der nördliche Pavillon schließlich zu sechs Ateliers umgebaut und vom Handelsministerium an Künstler vermietet worden.⁴²⁷ Im Zweiten Weltkrieg zerstört, wurde er in denselben Dimensionen, nicht aber im gleichen Stil, wiederaufgebaut und dient immer noch als Bildhaueratelier. Der südliche Pavillon wurde erst einige Jahre später als Bildhaueratelier adaptiert.⁴²⁸ Dieses einzige noch erhaltene Weltausstellungsgebäude steht bis heute unter staatlicher Verwaltung, wird nach wie vor von Wiener Bildhauern verwendet und befindet sich zwischen Trabrennbahn und Stadion.

Berühmtestes und bis heute bekanntestes Erinnerungsstück an die Wiener Weltausstellung ist die Rotunde. Obwohl anfangs beschimpft und abgelehnt, war sie bald als zweites Wahrzeichen Wiens neben dem Stephansdom in das Stadtbild integriert. Nachdem der Industriepalast abgetragen und die Rotunde mit zwei neuen Portalen im Westen und im Osten versehen worden war, stand sie unter der Verwaltung des Handelsministeriums, das zunächst Ausstellungsgegenstände und Sammlungen aus den Beständen der Weltausstellung hier deponierte. In der Folge wurde die Rotunde bis 1913 kostenlos zur Verfügung gestellt oder zu niedrigen Preisen vermietet, sodaß kaum die nötigen finanziellen Mittel zu ihrer Erhaltung erwirtschaftet werden konnten.[429] Sie wurde in erster Linie als Ausstellungshalle, als Ort gesellschaftlicher Ereignisse und Spektakel, für Wohltätigkeitsveranstaltungen sowie auch als Zirkus, Sporthalle, Theater- und Konzertsaal genützt.[430] Zahlreiche Ausstellungen, darunter die Elektrische Ausstellung von 1883, die Internationale Musik- und Theaterausstellung 1892, eine Ausstellung zum fünfzigjährigen Regierungsjubiläum Kaiser Franz Josephs 1898, eine Jagdausstellung 1910, eine Flugausstellung 1912 sowie eine Adriaausstellung 1913, fanden hier statt.

Von 1914 bis 1920 diente das Bauwerk zu Kriegszwecken. Am 11. September 1921 eröffnete Bundespräsident Michael Hainisch die erste Wiener Messe, die seit damals zweimal jährlich in der zur permanenten Austellungshalle umgebauten Rotunde und auf dem weiter westlich, Richtung Volksprater gelegenen nunmehrigen Ausstellungsgelände abgehalten wurde. Nach Beendigung der Herbstmesse des Jahres 1937 ging die Rotunde am 17. September aus bis heute ungeklärten Gründen zur Gänze in Flammen auf. Die unerwartete Vernichtung dieses ehemals so verteufelten Monumentalbaues wurde von der Wiener Bevölkerung zutiefst bedauert.[431]

Weitere noch erkennbare Erinnerungsstücke der Weltausstellung bilden die Anlage der Wege und der Konstantinhügel südlich der Praterhauptallee, der mit dem Aushubmaterial der Rotunde aufgeschüttet worden war.[432] Wesentlichste Konsequenz für die Stadt Wien bedeutete die Etablierung des an den Volksprater anschließenden Terrains als ständiger Ort internationaler Ausstellungen und Messen. Auch die Gründung des Wiener Trabrennvereins war das Ergebnis der Wiener Weltausstellung. Er ging 1874 aus dem „Comité für das internationale Rennen", einer unter Graf Karl Grünne stehenden begleitenden Organisation zur Ausstellung internationaler Luxuspferde, hervor. Ab 1878 wurden die Rennen nicht mehr in der Praterhauptallee, sondern auf dem neu eröffneten Trabrennplatz neben der Rotunde abgehalten.[433]

Kulturelle Auswirkungen der Weltausstellung sind auf den Gebieten der Volksbildung und vor allem des Museumswesens festzustellen. Im Niederösterreichischen Gewerbeverein fanden auf Anregung Erzherzog Rainers 42 Vorträge über die Weltausstellung statt, die die Resultate der Exposition für die Wirtschaft und die Kultur Österreichs umfassend beleuchteten.[434]

Bereits am 30. März 1872 erhielt Generaldirektor Schwarz-Senborn die behördliche Genehmigung zur Gründung eines Gewerbemuseums, das sich weiterhin der Erwachsenenbildung durch Vorträge sowie der Schaffung technologischer Sammlungen und Werkstätten annehmen sollte.[435] Es erhielt den Namen „Athenäum" und sollte nach den Vorbildern des Kensington Museums in London, des „Conservatoire des arts et métiers" in Paris und des Nürnberger Gewerbemuseums als Fachschule für sämtliche Gewerbesparten dienen. Sehr bald schon waren wesentliche Vorarbeiten, etwa die Schaffung einer Bibliothek, und beträchtliche Spenden für die Erstellung von Musterkollektionen aus den Beständen der Ausstellung geleistet worden. Industrielle und bedeutende Persönlichkeiten wie Rudolf Isbary, Wilhelm von Engerth, Karl von Hasenauer oder Rudolf von Eitelberger setzten sich für das neue Museum ein. Mit der Abreise Schwarz-Senborns nach Washington, wohin der in Ungnade gefallene Generaldirektor als Gesandter berufen worden war, schlief das Projekt 1874 jedoch ein. Die Hauptschuld gab man dem Handelsminister Banhans, der das als Staatsinstitut geplante Athenäum praktisch ignoriert hatte. Er entwarf gleichzeitig das Projekt eines technischen Gewerbemuseums, das offensichtlich nur dazu diente, Schwarz-Senborn in die Quere zu kommen.[436] Wie das Athenäum stellte es 1874 seine Aktivitäten stillschweigend ein. So wurde die Gründung eines bis dahin in Wien noch nicht existierenden Gewerbemuseums zunächst einmal zum Scheitern gebracht. Hingegen kam es in den Provinzen der Monarchie zur Etablierung einiger derartiger Einrichtungen. So entstanden 1873 in Brünn das Mährische und in Reichenberg das Nordböhmische Gewerbemuseum.

Sechs Jahre später wurde die Idee einer gewerblichen Fortbildungsanstalt und einer Institution der Erwachsenenbildung in Wien verwirklicht. Initiator war der Technologe und hervorragende Mitarbeiter der Weltausstellung Wilhelm von Exner, der bereits 1867 nach der Exposition in Paris die Gründung einer „österreichischen Gewerbehalle" vorgeschlagen hatte, die jedoch über das erste Planungsstadium nicht hinausgekommen war.[437] Das Technologische Gewerbemuseum von 1879 verfolgte das Prinzip des „Conservatoire des arts et métiers" in Paris, nämlich Sammlungen, Laboratorien, Werkstätten und Versuchsanstalten zum Unterricht und zur beruflichen Fortbildung zu nützen.[438] Somit gebührt Exner die Anerkennung, die musealen Bestrebungen der Weltausstellung für ein technisches Gewerbemuseum in Wien als erster realisiert zu haben. Eine indirekte Folge war auch die Gründung des Technischen Museums, das allerdings erst 1918 eröffnet wurde sowie des Österreichischen Eisenbahnmuseums 1886 und des Post- und Telegraphenmuseums 1889.[439]

Weniger technischen als kunstgewerblichen und handelswirtschaftlichen Interessen ist die Gründung des Orientalischen Museums 1874 zu verdanken. Es ging aus dem 1873 von Privaten ins Leben gerufenen „Comité für Orient und Ostasien" hervor, das es sich zur Aufgabe gemacht hatte, wirtschaftliche und kulturelle Kontakte mit dem Orient aufzunehmen, um „persönlichen Gedankenaustausch der Gäste aus jenen Ländern mit den Vertretern der heimischen Industrie und des Handels zu erleichtern und so friedlichen Verkehr des Vaterlandes mit den Nationen dieser Gebiete zu fördern".[440] Als ein bedeutender Förderer der Handelsbeziehungen zwischen Österreich und dem Orient fungierte der k.u.k. Generalkonsul in Konstantinopel und Chef der handelspolitischen Sektion im Ministerium des Äußeren Joseph Ritter von Schwegel. Der Pavillon des „Cercle Oriental" war auf der Weltausstellung zum internationalen Treffpunkt für Diplomaten, Orientkenner, Volkswirtschafter, Fabrikanten und Parlamentarier wie Freiherr von Calice, den Leiter der orientalischen Akademie Heinrich Ritter von Barb und den Orientalisten Jacob E. Polak geworden.[441]

Im Orientalischen Museum sollten die Leistungen des „Cercle Oriental", nämlich die neu geknüpften Handelsbeziehungen, der Sammlungsaufbau und die Abhaltung volksbildender Vorträge fortgesetzt werden. Am 21. Oktober 1874 konstituierte sich das Museum unter dem Protektorat Erzherzog Karl Ludwigs, dem Präsidenten Sektionschef Freiherr von Hoffmann und dem Vizepräsidenten Hofrat Ritter von Schwegel. Die Zahl der Mitglieder stieg rasch von 83 auf 400 1875 an, blieb aber dann auf Jahre hinaus konstant. Zum Direktor des neuen Museums wählte man den Orientkenner, Ministerialsekretär im Handelsministerium und Sekretär des „Comités für Orient und Ostasien" Arthur von Scala, der zahlreiche Studienreisen nach England und in den Orient unternommen hatte. Scala setzte sich intensiv für die Erweiterung der Sammlungen ein, wobei er allerdings den Ausbau der Handelsbeziehungen stark vernachlässigte. Er trug Ausstellungsstücke und Sammlungen aus Ägypten, der Türkei, Tunesien, Algerien, Japan und China zusammen. Die chinesische Kollektion stellte die umfangreichste in ganz Europa dar. Noch vor Ende der Weltausstellung benützten das Ministerium des Äußeren und das Ministerium für Kultus und Unterricht ihre offiziellen Kontakte zu den ausländischen Kommissionen für den Erwerb orientalischer Exponate. Die Schenkung der ethnologischen Sammlung von Abessinien durch den Khedive von Ägypten war ein Erfolg dieser Bemühungen.[442] Seit 1875 gab das Museum auch eine „Österreichische Monatsschrift für den Orient" heraus.[443]

1886 wurde das Orientalische Museum in Österreichisches Handelsmuseum umbenannt. Damit sollte die Ausdehnung der Außenhandelskontakte mit allen Ländern — nicht nur mit dem Orient — dokumentiert werden. Scala blieb weiterhin Direktor, bis er 1897 die Leitung des Österreichischen Museums für Kunst und Industrie übernahm. Mit ihm wechselten ein Großteil der Sammlungen und die wertvolle Bibliothek ihren Standort.[444] 1905, 1907 und 1909 kamen die letzten Bestände des Orientalischen Museums, darunter wertvolle Teppiche und Fayencen, in den Besitz des Österreichischen Museums.

Seit dem Ausscheiden der musealen Agenden konzentrierte das Handelsmuseum seine Tätigkeit ausschließlich auf Außenhandelskontakte. 1898 wurde eine Exportakademie angeschlossen, aus der 1919 die Hochschule für Welthandel hervorging.

Auch die übrigen öffentlichen Wiener Museen und Sammlungen konnten ihre Bestände erweitern. Den wohl umfangreichsten Sammlungsausbau aller Institutionen verzeichnete jedoch das Österreichische Museum für Kunst und Industrie dank der intensiven Tätigkeit Erzherzog Rainers und Rudolf von Eitelbergers, die sich persönlich bei den ausländischen Kommissionen um den Erwerb von Exponaten bemühten.[445] So kaufte Eitelberger 1876 ein von Ferdinand Laufberger entworfenes und von der Glasfabrik des Dr. Anton Salviati in Murano ausgeführtes Glasmosaik, das die griechische Göttin Pallas Athene darstellte und im Vestibül der Kunsthalle zu sehen war.[446] Es befindet sich bis heute an der ringseitigen Außenwand des Verbindungstraktes zwischen dem Museum für angewandte Kunst und der Kunsthochschule.

7. PRESSESTIMMEN

Die Abhaltung einer internationalen Ausstellung in Wien hat seit der Aufnahme dieser Idee im Jahr 1870 in zahlreichen Tagesblättern und Wochenschriften weitesten Widerhall gefunden. Eine intensive Behandlung der Ausstellungsthematik setzte jedoch erst im Sommer 1871 mit dem Eintreffen Schwarz-Senborns in Wien und dem gleichzeitigen Baubeginn im Prater ein.

Die Weltausstellung beherrschte in den Jahren 1872 und besonders 1873 inhaltlich das Gesamtbild der Wiener Tagespresse. Viele Zeitungen wie die „Konstitutionelle Vorstadtzeitung" oder die „Deutsche Zeitung" druckten Weltausstellungsbeilagen; das Wirtschaftsblatt „Der Reporter" nannte sich bereits 1871 „Organ für die Wiener Weltausstellung". Hierbei diente die Weltausstellung zumeist nur als verkaufsförderndes Zugmittel und nicht zu kritischer Auseinandersetzung. Die Beilage der „Neuen Freien Presse" erschien unter dem Titel „Internationale Ausstellungszeitung" in Zusammenarbeit mit der Generaldirektion. Unter der Leitung des Nationalökonomen Prof. Dr. Franz Xaver Neumann arbeiteten Wilhelm von Exner und der Kunsthistoriker Jacob von Falke an der Herstellung dieses Blattes mit, das zu den informativsten und besten aller Ausstellungszeitungen gerechnet wurde.[447]

Alle Blätter bezogen ihre Informationen über die laufenden Vorbereitungen von dem einzigen offiziellen Organ der Ausstellung, der „Weltausstellungscorrespondenz", einem tagebuchartigen Tätigkeitsbericht, der unter der persönlichen Leitung Schwarz-Senborns stand und durch Artikel der Fachreferenten zu den einzelnen Sachgruppen ergänzt wurde.[448] Friedrich Pecht etwa verfaßte in der „Neuen Freien Presse" eine Serie von Aufsätzen über die Kunst auf der Weltausstellung.

Die detaillierteste und umfangreichste Berichterstattung zu sämtlichen mit der Weltausstellung in Verbindung stehenden Themenkreisen besorgten zwei nur für die Dauer der Vorbereitung und Durchführung der Weltausstellung gegründete Zeitungen. Die „Wiener Weltausstellungs-Zeitung. Centralorgan für die Weltausstellung im Jahr 1873 sowie für alle Interessen des Handels und der Industrie" erschien vom 18. August 1871 bis Anfang 1873 zunächst zweimal wöchentlich und ab 1873 täglich. Als Eigentümer und Herausgeber zeichnete Karl Cikanek, verantwortlicher Redakteur war Johann Chr. Schreyer. Nach Beendigung der Weltausstellung setzte sie, wieder zweimal wöchentlich, ihr Erscheinen unter dem Titel „Internationale Ausstellungszeitung. Central-Organ für Handel, Industrie und Verkehr sowie für die Weltausstellung 1873 in Wien, in Chili 1875, und für die Weltausstellung in Philadelphia 1876 und für alle übrigen Ausstellungen im In- und Ausland" bis 5. März 1876 fort.

Das zweite Weltausstellungsorgan, die „Allgemeine Illustrierte Weltausstellungs-Zeitung", wurde zuerst von Prof. E. Mack, dann von Heinrich Frauberger, dem Herausgeber des „Biographischen Lexikons der Weltausstellung 1873", und 1873 von Dr. Ferdinand Springmühl redigiert. Die Zeitung erschien ab dem 24. Jänner 1872 zweimal wöchentlich und führte seit dem 5. Juli 1873 den Untertitel „Vereinigte Blätter", da sie die „Illustrierte Weltausstellungs-Gallerie", ein Beiblatt der von Johannes Nordmann herausgegebenen „Neuen illustrierten Zeitung", übernommen hatte.[449] Hervorragende Fachleute wie Joseph von Arenstein, der Techniker und Mathematiker Adam Freiherr von Burg, Jacob von Falke und Karl Ritter von Scherzer zählten zu den ständigen Mitarbeitern. Baron Raimund Stillfried-Ratenicz verfaßte mehrere Aufsätze über „Japan auf der Weltausstellung". Außerdem beschäftigte die Zeitung zahlreiche Auslandskorrespondenten in Amerika, Belgien, dem Deutschen Reich, Ägypten, England, Frankreich, Japan, Rußland und der Türkei. Zugleich betrachteten die königlich ungarische, die königlich portugiesische, die kaiserlich deutsche und später auch die persische Kommission die „Allgemeine Illustrierte Weltausstellungs-Zeitung" als ihr offizielles Mitteilungsblatt. Wurde bis zur Eröffnung der Weltausstellung hauptsächlich über die Vorbereitungsarbeiten der Länder und Kommissionen berichtet, so behandelten die seit Anfang Mai erschienenen Aufsätze die eigentliche Ausstellung mit dem Ziel, auch jenen, die die Weltausstellung nicht besuchen konnten, Anregung und Belehrung zu geben. Zusätzlich gab die Redaktion noch ein „Bank- und Verkehrsblatt" sowie ein „Literaturblatt" heraus.

Eine französische und eine ungarische Übersetzung sollten möglichst viele Interessenten für die Weltausstellung werben. Es handelt sich um die Zeitungen „L'exposition universelle de Vienne (illustré)", die in Paris von Jules Franck redigiert wurde, und „Képes kiállistási Lapok" mit dem Chefredakteur Edmund Steinacker, späterer ungarischer Reichstagsabgeordneter und Vorkämpfer des Deutschtums in Ungarn.[450]

Um den Ausstellungsgedanken lebendig zu erhalten, setzte die „Allgemeine Illustrierte Weltausstellungs-Zeitung" ihr Erscheinen als „Allgemeine illustrierte Industrie- und Kunst-Zeitung" fort. Ab 1. Jänner 1874 redigierte Ferdinand Springmühl, später der Eigentümer der Zeitung G. S. Weissenfeld, diese Wochenschrift, bis sie Ende 1875 eingestellt wurde.

Beide Organe veröffentlichten in Form einer „Haus- und Hofberichterstattung" Artikel zu den Ereignissen in und um den Prater. Indem diese „Weltausstellungsorgane" im Sinne des Generaldirektors die Interessen der Ausstellung gegenüber anderen Zeitungen vertraten, waren sie zugleich auch wirksame Instrumente der Ausstellungspropaganda.

Die regierungsfreundlichen liberalen Tagesblätter wie die „Neue Freie Presse" oder die „Presse" stellten sich von Anfang an eindeutig auf die Seite der Weltausstellungsveranstalter. Vor allem während der Vorbereitungszeit spiegelte die Tagespresse ein Bild enthusiastischer Begeisterung wider. Das Gelingen der Ausstellung wurde auch als eine in der Verantwortung der Presse liegende Sache betrachtet. Nach dem Ausbruch des Börsenkrachs und dem Ausbleiben der Fremden gab man der teils recht unkritischen und übertriebenen Berichterstattung einiger Zeitungen die Schuld am Ausmaß der wirtschaftlichen Krise.

Folgten anfangs die Wiener Tagesblätter mit Ausnahme des feudal-konservativen „Vaterlandes", das aus nationalen und politischen Motiven die Weltausstellung als ein von Deutsch-Liberalen gefördertes Unternehmen von vornherein ablehnte, der ausstellungsfreundlichen Einstellung der „Neuen Freien Presse", so kann seit dem Bekanntwerden der Ausmaße des Defizits eine weitverbreitete Skepsis gegenüber dem wirtschaftlichen und finanziellen Nutzen der Ausstellung registriert werden.

Ernsthafte Überlegungen über Finanzierung und Durchführung einer Weltausstellung in Wien hatten nur die volkswirtschaftlich orientierten Zeitungen und Wochenblätter angestellt. Die Hauptangriffspunkte der Kritik waren die ungenügende Ausstellungsreife der österreichischen Wirtschaft, der unvollendete Ausbau Wiens, der allgemeine Wohnungsmangel, die kurze Vorbereitungszeit, die Kostenüberschreitung und das autoritäre und willkürliche Vorgehen Schwarz-Senborns. Hier sind vor allem „Warrens Wochenschrift" sowie der von Wilhelm Sommerfeld herausgegebene „Oesterreichische Oekonomist" zu nennen. Letzterer rühmte sich – auch als Reaktion auf die verfrühten Lobeshymnen für Schwarz-Senborn –, die Opposition auf Presseebene gegen die Weltausstellung 1871 angefacht zu haben.[451] Das 1873 von August Zang, dem Gründer der „Presse", geschaffene Blatt „Finanzielle Fragmente" mußte knapp nach der Eröffnung der Weltausstellung wegen allzu heftiger Polemik sein Erscheinen nach einer Beschlagnahmung durch die k.u.k. Staatsanwaltschaft einstellen.[452] Es hatte ausschließlich Artikel unter Schlagzeilen wie „Der Senborn-Scandal im Finanzausschusse" oder „Von den Pfahlbauten im Wurstelprater" gedruckt, die unmißverständlich und undifferenziert die Weltausstellung insgesamt verurteilten.[453] In ähnlichem Stil sprach der „Oesterreichische Oekonomist" von Schwarz-Senborn als „Prater-Dictator" und von „Weltausstellungs-Schwindel".[454]

Eine ironisch-kritisierende Haltung nahmen die Massenblätter ein: das demokratische „Neue Wiener Tagblatt", das wie die „Neue Freie Presse" eine tägliche Auflagenziffer von 35.000 Stück aufweisen konnte, und das linksliberale „Illustrierte Wiener Extrablatt".[455] Auch hier standen die Finanzlage und die Vorgangsweisen des Generaldirektors im Schußfeld der Kritik, wobei allerdings die Ausstellung nicht prinzipiell in Frage gestellt wurde. Auch Mängel wie das Fehlen exakt gearbeiteter Kataloge, die Höhe der Eintrittspreise oder die Unübersichtlichkeit des Arrangements wurden diskutiert.[456]

Über die Praxis bei der Auswahl der rezensierten Aussteller herrschte tiefstes Mißtrauen. Man warf der Journalistik vor, in das Dickicht der Korruption und Spekulation geraten zu sein und sich gegen ein Zeilenhonorar von 5 bis 20 Gulden von den Industriellen zu Besprechungen erpressen zu lassen.[457] Die Berichte sämtlicher Wiener

Blätter seien ohne Ausnahme mit „größter Parteilichkeit" und „Bestechlichkeit" redigiert:

Jede gelobte Zeile ist teuer bezahlt, und was nicht bezahlt wird, das wird totgeschwiegen oder getadelt, und wäre es das Vortrefflichste ... Die ganze Weltausstellungsjournalistik ist ein dicht geschlossenes Raubsystem ...[458]

Neben den Wiener Tagesblättern und Wochenschriften gab es auch eine Reihe von Witz- und Karikaturblättern, die die Ereignisse rund um die Weltausstellung treffend persiflierten.[459] Hier sind vor allem der „Floh", der auch eine Weltausstellungsbeilage herausgab, der „Kikeriki", der „Figaro" oder „Die Bombe" zu nennen. Zu den häufigsten Angriffszielen zählten die Person des Generaldirektors, die Folgen des Börsenkrachs, die offiziellen Gäste und der Ausstellungsalltag.

Die Wiener Journalistik hatte auf die weitverbreitete Weltausstellungseuphorie mit der gewinnversprechenden Gründung von zahlreichen Zeitungen und Beiblättern zur bestehenden Presseliteratur reagiert. Zum Zeitpunkt der Eröffnung der Weltausstellung gab es in Cisleithanien 866 Blätter, wovon allein 355 in Wien, dem „Hauptsitz der journalistischen Production", erschienen.[460] Nach den Turbulenzen des Jahres 1873 sank ihre Zahl jedoch wieder auf ihren vorherigen Stand von 616 ab.

Insgesamt spielten die Wiener Zeitungen für das Weltausstellungsjahr eine große Rolle, da diese durch die Art ihrer Berichterstattung einen wesentlichen Einfluß auf den Verlauf der Ereignisse ausübten. Nicht zuletzt erweist sich der Materialreichtum der Presseliteratur von 1873 aus heutiger Sicht als unerläßliche Quelle für die Behandlung dieses Themas.

8. ZUSAMMENFASSUNG

Die Wiener Weltausstellung stellte für die Entfaltung Wiens in der zweiten Hälfte des 19. Jahrhunderts ein einmaliges Großereignis dar. In Form einer riesigen kulturellen und wirtschaftlichen Leistungsschau wurde die k.u.k. Reichshaupt- und Residenzstadt dem internationalen Publikum vorgeführt. Dabei hatte die Weltausstellung in Verbindung mit dem Börsenkrach wesentlichen Anteil am Umkippen der Hochstimmung des gründerzeitlichen Wien und beendete den übersteigerten Wirtschaftsoptimismus der vorangegangenen Jahre. Somit markiert das Jahr 1873 in mehrfacher Hinsicht ein Epochenjahr der österreichischen Geschichte.

Hatten die Vorbereitungen zur Weltausstellung das Spekulationsfieber und damit den Börsenkrach letztlich mitverschuldet, so beeinträchtigten die Folgen des „schwarzen Freitag" ganz wesentlich die befruchtenden Auswirkungen, die von einem Unternehmen dieser Größenordnung üblicherweise erwartet werden konnten. Denn die Wiener Exposition sollte nach den Überlegungen ihrer Organisatoren eine Ausstellung der Superlative werden. Hinsichtlich ihrer Flächenausdehnung, der Zahl der beteiligten Nationen und Aussteller, der verliehenen Medaillen wie auch des Defizits übertraf sie alle ihre Vorgänger.

Erst nach mehrjährigen Bemühungen und der Überwindung großer Schwierigkeiten war es den Vertretern aufstrebender Wirtschaftskreise, dem Niederösterreichischen Gewerbeverein und der Niederösterreichischen Handelskammer gelungen, das Projekt einer Weltausstellung in Wien durchzusetzen. Wie in Frankreich und England wollte auch Österreichs Bürgertum die Auswirkungen des wirtschaftlichen Aufschwungs, besonders seit Beginn der liberalen Ära 1867, der ganzen Welt vor Augen führen. Für Wien ergab sich dabei mit der Ringstraßenbebauung infolge der Stadterweiterung von 1857 eine außergewöhnliche Gelegenheit, sich durch die Abhaltung einer internationalen Ausstellung als neue Weltstadt zu präsentieren und profilieren. Daß diese Exposition die erste und einzige des deutschsprachigen Raumes im 19. Jahrhundert war, muß darüber hinaus besonders gewürdigt werden.

Allein das Zustandebringen eines Riesenunternehmens, wie es eine Weltausstellung für private Förderer und für den Staat in finanzieller und organisatorischer Hinsicht bedeutete, und die hohe Beteiligung fremder Nationen, insbesondere des Orients und des Fernen Ostens, brachten Österreich einen ungeheuren Prestigegewinn im Ausland. Zu diesem Erfolg trugen wesentlich das persönliche Interesse des Kaisers sowie der Besuch zahlreicher gekrönter Häupter in Wien bei.

Andererseits konnte das Ziel der deutsch-liberalen Regierung, mit Hilfe der Weltausstellung die politische Vorherrschaft zu festigen, nicht erreicht werden. Ihre Politik des Laisser-faire hatte durch die Überschätzung der wirtschaftlichen Verhältnisse in Österreich indirekt jene Spekulationen begünstigt, die sodann zum Börsenkrach führen sollten.

Das Programm der Ausstellung unterschied sich durch die Akzentuierung kultureller Themen wesentlich von allen vorhergegangenen. Die ausführliche Behandlung des Kunstgewerbes, die Errichtung eines „Ethnographischen Dorfes" und dreier Kunstpavillons sowie die Betonung von Unterricht und Bildung am Beispiel von Musterschulhäusern – um nur einiges zu nennen – dokumentierten das Bemühen der Ausstellungsleitung, zur „Hebung des allgemeinen Zustandes der Menschheit" beizutragen. Nicht so sehr große technische Erfindungen als vielmehr die „Kulturschau" prägten das Gesamtbild. Darüber hinaus sollten internationale Kongresse sowohl die Ergebnisse der Weltausstellung als auch neueste Erkenntnisse verschiedener Wirtschafts- und Wissenschaftszweige verwerten und einem internationalen Fachpublikum bekanntmachen.

Der Pomp und Prunk, mit dem sich Wirtschaft und Industrie auf den Weltausstellungen feierten, war schon bei vorhergehenden Expositionen ein Anlaß zur Kritik seitens der internationalen Arbeiterbewegung gewesen.[461] Auch für Wien wurde mit einem Generalstreik durch die Internationale Arbeiterassoziation in Den Haag gedroht.[462] Damit sollte auf die schlechte soziale Lage der Arbeiter infolge der Teuerungswelle vor Eröffnung der Schau hingewiesen werden. Abgesehen davon wurde die soziale Frage in den Bereichen Arbeiterwohnen und Arbeiterbildung von den Ausstellungsorganisatoren nur am Rande berührt, weshalb das Interesse der Arbeiterschaft an dieser internationalen Exposition gering blieb.

Wie bei jeder anderen Ausstellung so ist auch hier der wirtschaftliche Erfolg oder Mißerfolg in seinem wahren Ausmaß kaum abzuschätzen. Direkte Einflüsse wie die Gründung von Museen und die Erhaltung der Weltausstellungsgebäude zur weiteren Verwendung wurden vom mangelnden Interesse der maßgebenden Industriellen und von der geschwächten Finanzkraft des Staates stark beeinträchtigt. Die Gründung des Orientalischen Museums zur Aufnahme kunstgewerblicher Gegenstände aus dem Orient und der Fortführung neugeknüpfter Handelskontakte bildete eine Ausnahme. Dagegen scheiterten zunächst mehrere Versuche zur Schaffung eines technischen Gewerbemuseums.

Von offizieller Seite wurde der Erfolg der Wiener Weltausstellung nicht in Frage gestellt, wie aus der Thronrede des Kaisers am 5. November 1873, anläßlich der Eröffnung des Reichsrates, hervorgeht.

Trotz der Schwierigkeiten, mit welchen die Weltausstellung zu kämpfen hatte, ist diese große Unternehmung zu glänzender Reife und Entfaltung gediehen und zu allseitiger Geltung und Anerkennung gelangt. Ihr wohltätiger Einfluß auf das geistige und wirtschaftliche Leben der Völker, auf die Förderung der Cultur, auf die Belebung des Erfindungsgeistes und des Gewerbefleißes, sowie auf die Wertschätzung der redlichen Arbeit wird in allen Teilen der Welt dankbar empfunden werden. Mit freudiger Genugtuung vermag Ich es auszusprechen, daß wir in diesem friedlichem Wettkampf mit Ehren gerungen und Erfolge erstritten haben, welche das patriotische Herz mit Stolz und Hoffnung erfüllen.[463]

Direkter wirkten sich die Ausstellung, die eine Scheinwelt im Prater hervorgezaubert hatte, und die monatelange Anwesenheit Tausender Fremder in Wien auf das Selbstverständnis der Bevölkerung aus. Nach London und Paris einmal im Mittelpunkt des Weltgeschehens zu stehen, bedeutete für die Wiener eine enorme Hebung des Selbstgefühls. Der junge Sigmund Freud bemerkte dazu kritisch, die Wiener Gesellschaft hätte die Exposition zu einem rein äußerlichen und inhaltslosen Monsterspektakel umfunktioniert:

Es (die Weltausstellung) ist im Ganzen ein Schaustück für die geistreiche, schönselige und gedankenlose Welt, die sie auch zumeist besucht.[464]

Die „Presse" beschrieb die Wirkung der Ausstellung als Kulturereignis, dessen wahre Bedeutung erst im Laufe der folgenden Jahre erkannt werden könnte:

Speciell für uns in Österreich ist sie (die Weltausstellung) aber jetzt schon das größte, alle übrigen uns berührenden Erscheinungen unserer Zeit weit überragende Culturerguß, zu dessen vollständiger Bemessung uns zwar noch der Maßstab fehlt, dessen Bedeutung wir aber Alle mit mehr oder weniger Klarheit doch fühlen.[465]

Daß die Weltausstellung dennoch aus dem allgemeinen Bewußtsein verdrängt wurde, war trotz aller Dementis den insgesamt negativen Auswirkungen des Jahres 1873 zuzuschreiben. Erst im 20. Jahrhundert nahm das allgemeine Interesse der Öffentlichkeit an der Wiener Weltausstellung wieder zu.

Für das internationale Ausstellungswesen bedeutete die Wiener Weltausstellung des Jahres 1873 eine Trendwende. Hatte schon zuvor die immer raschere Aufeinanderfolge der Expositionen eine gewisse Ausstellungsmüdigkeit seitens der Industrie und Wirtschaft erzeugt, so haben die unglücklichen Ereignisse von 1873 diese Tendenz noch verstärkt. Die Ursachen dafür lagen nicht zuletzt in den hohen finanziellen Kosten für die Aussteller begründet. Regionale und internationale Fachausstellungen übernahmen verstärkt die wirtschaftlichen Funktionen der Weltausstellungen. Mochte auch das Interesse von Wirtschaft und Industrie durch die Erschließung neuer Informations- und Absatzmöglichkeiten zunehmend sinken, das Faszinosum Weltausstellung blieb bestehen.

Bis zum Ausbruch des Ersten Weltkrieges 1914 fanden noch sechs weitere Weltausstellungen statt: drei in Amerika (Philadelphia 1876, Chikago 1893 und St. Louis 1904) und drei in Frankreich (Paris 1878, 1889, 1900). Zunehmend trat der ursprüngliche Zweck des internationalen Erfahrungsaustausches auf technischem und wirtschaftlichem Gebiet hinter den gesellschaftlich-repräsentativen Charakter zurück. Die Flächenausdehnung der Expositionen nahm gigantische Ausmaße an. Jubiläen gaben den Anlaß zur Verknüpfung politischer und patriotischer Absichten mit einer Weltausstellung. So feierten die Vereinigten Staaten 1876 den 100. Jahrestag der Unabhängigkeitserklärung und 1893 400 Jahre Entdeckung Amerikas. Frankreich beging 1889 das Revolutionsjubiläum, das von Österreich-Ungarn, dem Deutschen Reich und England aus naheliegenden Gründen boykottiert wurde. 1900 wurde, ebenfalls in Paris, mit der von besonders prunkvollen Bauwerken gebildeten „rue des nations" das neue Jahrhundert eingeläutet.

Die Weltausstellungen erhielten immer mehr den Charakter monströser Schauveranstaltungen mit Unterhaltungswert. Neue Kommunikationsmittel wie der Ausbau der Verkehrs- und Informationswege übernahmen die ursprüngliche Funktion der Weltausstellung, nämlich die Reklame- und Absatzförderung. Der Leitgedanke der ersten Weltausstellung 1851 in London, „ein treues Zeugnis und lebendiges Bild von demjenigen Standpunkte der Entwicklung, zu welchem die Menschheit gelangt ist" zu geben, hatte seine Basis und Voraussetzung verloren.[466]

Ungeachtet dieser Veränderungen waren die Weltausstellungen des 19. Jahrhunderts epochale Großereignisse, faszinierende und facettenreiche „Monsterschauen", die den technischen Fortschrittsglauben und die kulturelle Vielfalt einer neuen, aufstrebenden bürgerlichen Gesellschaft dokumentierten.

Abkürzungsverzeichnis

Abb.	= Abbildung
Adm.Reg.	= Administrative Registratur
AVA	= Allgemeines Verwaltungsarchiv
FA	= Finanzarchiv
Fasz.	= Faszikel
GRSPR	= Gemeinderat-Sitzungsprotokolle
HM	= Handelsministerium
HSS	= Handschriftensammlung
HHSTA	= Haus-, Hof- und Staatsarchiv
N.F.P.	= Neue freie Presse
NÖLA	= Niederösterreichisches Landesarchiv
o.J.	= ohne Jahr
OKäA	= Oberstkämmereramt
OMeA	= Obersthofmeisteramt
o.O.	= ohne Ort
RGBl	= Reichsgesetzblatt
STB	= Wiener Stadt- und Landesbibliothek
W.A.C.	= Weltausstellungscorrespondenz
WSTLA	= Wiener Stadt- und Landesarchiv
WWA	= Wiener Weltausstellung
Zl.	= Zahl

Anmerkungen

1 *Mitteilungen über die Industrie-Ausstellung* aller Völker zu London im Jahre 1851. Aus dem Bericht der von der österreichischen Regierung delegierten Sachverständigen, 1. Bd., Wien 1853, S. 3.
2 Die Industrieausstellungen, Ihre Geschichte und ihr Einfluß auf die Culturentwicklung, in: *Die Gegenwart*, XII. Bd., Leipzig 1856, S. 470.
3 Zum Begriff des Bürgertums vgl. Ernst *Bruckmüller* und Hannes *Stekl*, Zur Geschichte des Bürgertums in Österreich, in: Bürgertum im 19. Jahrhundert. Deutschland im europäischen Vergleich, ed. Jürgen Koska, München 1988, 1. Bd., S. 160–192.
4 Dazu genauer Jutta *Pemsel*, Die Wiener Weltausstellung von 1873 und ihre Bedeutung für die Entfaltung des Wiener Kulturlebens in der franzisco-josephinischen Epoche. Eine historische Studie, phil. Diss. Wien 1983, S. 1ff.
5 Alphons *Paquet*, Das Ausstellungsproblem in der Volkswirthschaft (= Abhandlungen des staatswissenschaftlichen Seminars zu Jena, ed. J. Pierstorff, 5. Bd., 2. Heft, Jena 1908), S. 16ff.
6 Wilhelm *Treue*, Gesellschaft, Wirtschaft und Technik Deutschlands im 19. Jahrhundert (= Gebhardt Handbuch der deutschen Geschichte, ed. Herbert Grundmann, Bd. 17, München 1980^9), S. 115f.
7 Johann *Slokar*, Geschichte der österreichischen Industrie und ihrer Förderung unter Kaiser Franz I., Wien 1914, S. 210f.
8 Utz *Haltern*, Die Londoner Weltausstellung 1851. Ein Beitrag zur Geschichte der bürgerlich-industriellen Gesellschaft im 19. Jahrhundert, Münster 1971, S. 20f.
9 Amtlicher *Bericht* über die Industrieausstellung aller Völker zu London im Jahr 1851, ed. Berichterstattungscommission der Deutschen Zollvereinsregierungen, Berlin 1852–53, 1. Bd., S. 2; *Treue*, Gesellschaft, S. 116f.
10 *Haltern*, Londoner Weltausstellung, S. 27ff.
11 Festschrift. 125 Jahre österreichischer Gewerbeverein. 1839–1964, Wien 1964, S. 52.
12 Willi *Schmidt*, Die frühen Weltausstellungen und ihre Bedeutung für die Entwicklung der Technik, in: *Technikgeschichte*, ed. Verein deutscher Ingenieure, 34 (1967), S. 164ff; *Haltern*, Londoner Weltausstellung, S. 33.
13 *Mitteilungen über die Industrie-Ausstellung*, S. 3; zur Londoner Weltausstellung 1851 genauer bei *Haltern*, Londoner Weltausstellung.
14 Wilhelm *Döring*, Handbuch der Messen und Ausstellungen (= Monographien zur Weltwirtschaft, Bd. I, Darmstadt 1956), S. 13. Zur Geschichte der Weltausstellung vgl. John *Allwood*, The Great Exhibitions, London 1977; Christian *Beutler*, Weltausstellungen im 19. Jahrhundert (= Die neue Sammlung, Staatliches Museum für angewandte Kunst), München 1973.
15 Woldemar *Seyffarth*, Die Universal-Ausstellung in Paris Mai bis Oktober 1855, Gotha 1855, S. 1f.
16 Österreichischer *Bericht* über die Internationale Ausstellung in London 1862, ed. Joseph Arenstein, Wien 1863, S. XXXIXff.
17 Carl Thomas *Richter*, Betrachtungen über die Weltausstellung im Jahre 1867, Wien 1868^2.
18 *Bericht* über die Welt-Ausstellung zu Paris im Jahre 1867, ed. k.k. österreichisches Central-Comité, 1. Bd., Wien 1869, S. 3.
19 F. C. *Huber*, Die Ausstellungen und unsere Exportindustrie, Stuttgart 1886, S. 106f.
20 1912 wurde die erste Konferenz von 17 Staaten in Berlin dazu abgehalten, 1928 kam in Paris das erste Abkommen über internationale Ausstellungen zustande. Erst 1931 arbeitete das damals gegründete „Bureau International des Expositions" in Paris offiziell verbindliche Richtlinien aus. Dazu weiter bei *Döring*, Handbuch, S. 17; Utz *Haltern*, Die „Welt als Schaustellung". Zur Funktion und Bedeutung der internationalen Industrieausstellung im 19. und 20. Jahrhundert, in: *Vierteljahresschrift für Sozial- und Wirtschaftsgeschichte*, ed. Otto Brunner, Hermann Kellenbenz, Hans Pohl, Wolfgang Zorn, 60 (1973), S 1.
21 *Pemsel*, Weltausstellung, S. 13ff.
21 *Slokar*, Geschichte der österreichischen Industrie, S. 242ff.
23 *N.F.P.*, Morgenblatt, Nr. 3120, 1. 5. 1873, S. 1.

24 Erst im Zuge weiterer Eingemeindung um das Jahr 1890 wurde Wien schlagartig zur Millionenstadt. Um 1870 besaß London 3,261.396, Paris 1,851.792, Berlin 931.984, Wien 607.514 und Rom 244.484 Einwohner. Felix *Olegnik,* Historisch-statistische Übersichten von Wien. Teil I (= Mitteilungen aus Statistik und Verwaltung der Stadt Wien, Jg. 1956, Sonderheft Nr. 1).
25 August *Oncken,* Die Wiener Weltausstellung 1873, in: *Deutsche Zeit- und Streitfragen,* II. Jg., Heft 17—18 (1873), S. 5.
26 Elisabeth *Springer,* Geschichte und Kulturleben der Wiener Ringstraße (= Die Wiener Ringstraße. Bild einer Epoche, ed. Renate Wagner-Rieger, Bd. II, Wiesbaden 1979), S. 505f.
27 Die Länge des Eisenbahnnetzes wuchs von 4.533 km 1868 auf 9.344 km 1873. Alfred *Birk,* Die bauliche Entwicklung der Eisenbahn in Österreich, in: *Österreichisch-ungarische Revue.* Monatsschrift für die gesamten Interessen Österreich-Ungarns, ed. A. Mayer-Wyde, N.F. 26 (1900), S. 266.
28 Stenographische Protokolle des Abgeordnetenhauses, VII. Session, 14. 3. 1873, S. 1464f.
29 Rudolf *Eitelberger* von Edelberg, Die österreichische Kunstindustrie und die heutige Weltlage, Wien 1871, S. 31f.
30 *Oncken,* Weltausstellung, S. 12; *N.F.P.,* Morgenblatt, Nr. 3120, 1. 5. 1873.
31 AVA, Ministerratsprotokolle, Nr. 109/I, 16. 11. 1872, f. 1—28.
32 *Wiener Weltausstellungszeitung,* Nr. 23, 6. 3. 1872, S. 4 und Nr. 25, 21. 3. 1872, S. 5.
33 Walter *Rogge,* Österreich seit der Katastrophe Hohenwart-Beust, Leipzig/Wien 1879, 1. Bd., S. 48f.
34 Franz *Migerka,* Über die Bedeutung der Industrie-Ausstellungen, Wien 1857.
35 *Wiener Zeitung,* Nr. 34, 12. 2. 1863, S. 438. Eine Abschrift des Originals befindet sich unter den Memoiren Wickenburgs.
36 Bernhard Wilhelm *Ohligs,* Gegen die Wiener Weltausstellung im Jahr 1866. Ein motivierter Antrag an die niederösterreichische Handels- und Gewerbekammer, Wien 1863.
37 *Wochenschrift des Niederösterreichischen Gewerbe-Vereines,* XXIV. Jg. (1863), S. 734ff.; HHSTA, Wickenburg-Memoiren.
38 *Wiener Zeitung,* Nr. 49, 28. 2. 1866, S. 629 und Nr. 87, 13. 4. 1866, S. 139.
39 *Wochenschrift,* XXIX. Jg. (1868), S. 232.
40 Ebenda, XXX. Jg. (1869), S. 219, 225. Die Kommission setzte sich aus Otto Hornbostel, August Küfferle, dem Architekten Wilhelm Stiaßny, Franz von Wertheim u. a. zusammen; ebenda, XXXI. Jg. (1870), S. 114—117.
41 *Wochenschrift,* XXXI. Jg. (1870), S. 278.
42 AVA, HM, WWA 1873, Fasz. 13, Material 1870.
43 Weltausstellung 1873 in Wien. *Officielle Documente,* Wien 1873, S. 18.
44 Walter *Rogge,* Österreich von Világos bis zur Gegenwart, Leipzig/Berlin 1873, 3. Bd., S. 303.
45 Albert Eberhard Friedrich *Schäffle,* Aus meinem Leben, Berlin 1905, 1. Bd., S. 251.
46 HHSTA, Adm. Reg., F 34 S.R., Karton 145, Zl. 80 ex 1871.
47 HHSTA, Wickenburg-Memoiren.
48 RGBl., Nr. 87 ex 1871; Stenographische Protokolle des Abgeordnetenhauses, VI. Session, 1870/71, S. 1170f.
49 *Wochenschrift,* XXX. Jg. (1870), S. 92; *Officielle Documente,* S. 4f.; für das Zustandekommen des Garantiefonds' und die Finanzierung vgl. Helga *Maier,* Börsenkrach und Weltausstellung in Wien. Ein Beitrag zur Geschichte der bürgerlich-liberalen Gesellschaft um das Jahr 1873, phil. Diss. Graz 1973, S. 221—229.
50 RGBl. Nr. 111 ex 1871.
51 RGBl. Nr. 87 ex 1871.
52 AVA, Ministerratsprotokolle, Nr. 108/IX, 13. 11. 1872, f. 18—26.
53 Stenographische Protokolle des Abgeordnetenhauses, VII. Session, 1871—1873, 209. Beilage, S. 1822—1828.
54 AVA, Ministerratsprotokolle, Nr. 8/V, 20. 1. 1873, f. 12.
55 Stenographische Protokolle des Abgeordnetenhauses, VII. Session, 1871—1873, 209. Beilage, S. 1824.
56 RGBl., Nr. 45 ex 1873.
57 *Officielle Documente,* Nr. VII, S. 26f.

Anmerkungen

58 AVA, Ministerratsprotokolle, Nr. 8/V, 20. 1. 1873, f. 12ff.
59 Ebenda, Nr. 56/III, 27. 5. 1873, f. 4—19.
60 RGBl., Nr. 105 ex 1873.
61 FA, Präsidialakten, Zl. 589 ex 1876.
62 Stenographische Protokolle des Abgeordnetenhauses, VIII. Session, 1873—1879, 656. Beilage, S. 1—4.
63 Biographisches Lexikon der Wiener Weltausstellung 1873, ed. *Engel/Rotter,* I. Bd. (weitere sind nicht erschienen), Wien 1873, S. 103; Constant von *Wurzbach,* Biographisches Lexikon des Kaiserthums Oesterreich, Wien 1856—91, 32. Bd. (1876), S. 309ff.
64 HHSTA, Adm.Reg., F 4, Karton 310, Zl. 1390 ex 1866, f. 90.
65 *Schäffle,* Aus meinem Leben, 1. Bd., S. 251.
66 HHSTA, Adm.Reg., F 34 S.R., Karton 145, Zl. 347 ex 1871.
67 Hirsch war vor allem auf dem Gebiet der Kommunalpolitik, im speziellen der Gasfrage tätig, was ihm den Spitznamen „Gashirsch" von Seite der Wiener Bevölkerung eintrug. Nach Meinung des Wiener Bürgermeisters Felder nützte Hirsch Schwarz-Senborn nur zu persönlichem Vorteil aus. WSTLA, Feldernachlaß, Nr. 45, f. 3f.; zur Biographie von Hirsch auch *Über Land und Meer,* 15. Jg., 30. Bd. (1873), Nr. 34, S. 672.
68 *Wiener Lloyd,* Nr. 105, 6. 4. 1873, Beiblatt.
69 RGBl., Nr. 111 ex 1871.
70 *Haltern,* Londoner Weltausstellung, S. 122.
71 Weltausstellung 1873 in Wien, *Officielle Programme* und Publicationen (Wien 1872—1873), Nr. 1.
72 *Wiener Weltausstellungszeitung,* Nr. 5, 9. 10. 1871, S. 2.
73 *Maier,* Börsenkrach, S. 198.
74 AVA, HM, WWA, Fasz. 14, Special- und Subcomités der XX Abteilungen; ebenda, Fasz. 13, Material 1871, Generaldirektion der Abteilungen.
75 *Officielle Documente,* S. 23.
76 Vgl. dazu *Maier,* Börsenkrach, S. 201—206.
77 Helmut *Karigl,* Die Kulturpolitik der Stadt Wien in der franzisco-josephinischen Zeit (1848—1916), phil. Diss. Wien 1981, S. 179.
78 WSTLA, Feldernachlaß, Nr. 45, f. 2.
79 WSTLA, Weltausstellungskommission, Fasz. 447, f. 1 und Fasz. 449, f. 1—4.
80 *Wiener Weltausstellungszeitung,* Nr. 230, 19. 8. 1873, S. 1f.
81 GRSPR, 17. 7. 1863, S. 1420f.; *Administrationsberichte* der Bürgermeister 1873, S. 429.
82 Die neue Augartenbrücke über den Donaukanal in Wien, o. O., o. J., S. 5.
83 Franz *Englisch,* Die Rotundenbrücke und ihre Geschichte, in: *Wiener Geschichtsblätter,* 25. Jg. (1970), S. 84.
84 GRSPR, 5. 1. 1872, S. 24f.
85 *Administrationsberichte* 1873, S. 579.
86 WSTLA, Weltausstellungskommission, Fasz. 447, 1871, f. 37; Rudolf *Tillmann,* Festschrift zur Hundertjahrfeier des Wiener Stadtbauamtes, Wien 1935, S. 88.
87 *Administrationsberichte* 1873, S. 578.
88 Ignaz *Kohn,* Eisenbahnjahrbuch der österreichisch-ungarischen Monarchie, 6. Jg. (1873), S. 349.
89 *Administrationsberichte* 1873, S. 423.
90 Ebenda, S. 584.
91 GRSPR, 22. 3. 1872, S. 635ff.; *Administrationsberichte* 1873, S. 423f.
92 *Krobot/Slezak/Sternhart,* Straßenbahn in Wien. Vorgestern und übermorgen, Wien 1972, S. 22f., S. 299; Festschrift. Anläßlich des 100jährigen Bestehens der Wiener Tramway 1868—1968, Wien 1968, S. 83.
93 *Olegnik,* Historisch-statistische Übersichten, Teil II (1957), S. 50.
94 *Kohn,* Eisenbahnjahrbuch, 7. Jg. (1874), S. 383.
95 *Administrationsberichte* 1873, S. 587.
96 *Kohn,* Eisenbahnjahrbuch, 6. Jg. (1873), S. 491f.
97 *Administrationsberichte* 1873, S. 590.

98 HHSTA, OMeA ex 1874, r. 100/G/2/d/1459, 1694.
99 *Wiener Weltausstellungszeitung,* Nr. 138, 29. 4. 1873, S. 2; *N.F.P.,* Nr. 3120, 1. 5. 1873, S. 7.
100 Dazu genauer Jutta *Pemsel,* Die „Dampfomnibusse" auf dem Donaukanal zur Zeit der Wiener Weltausstellung 1873, in: *Marine — Gestern, Heute,* 9. Jg., 3. Heft (1982), S. 81ff.
101 *Administrationsberichte* 1873, S. 425.
102 Alfred *Niel,* Wiener Eisenbahnvergnügen, Wien/München 1982, S. 84f.
103 Wolfgang *Sengelin,* Wiener Verkehrsplanungen in der franzisco-josephinischen Ära, phil. Diss. Wien 1980, S. 39ff.; Paul *Kortz,* Wien am Anfang des XX. Jahrhunderts. Ein Führer in technischer und künstlerischer Richtung, Wien 1905—1906, 1. Bd., S. 108.
104 *Niel,* Eisenbahnvergnügen, S. 93—129.
105 Ebenda, S. 83f.
106 GRSPR, 26. 3. 1872, S. 661f.
107 Man war allgemein der Ansicht, daß sich die Wohnungsnot von selbst lösen werde. Felix *Czeike,* Liberale, christlich-soziale und sozialdemokratische Kommunalpolitik (1861—1934) dargestellt am Beispiel der Gemeinde Wien (= Österreich-Archiv), Wien 1962, S. 59.
108 Obwohl sich die Wohnungsverhältnisse in den siebziger Jahren verschlechterten und immer mehr Publikationen zu diesem Thema erschienen, erlangte die Wohnreform bis 1900 im Gegensatz zu westeuropäischen Industrieländern in der Kommunal- und in der staatlichen Sozialpolitik keinen nennenswerten Stellenwert. Dazu Peter *Feldbauer/*Gottfried *Pirhofer,* Wohnungsreform und Wohnungspolitik im liberalen Wien?, in: Wien in der liberalen Ära (= Forschungen und Beiträge zur Wiener Stadtgeschichte 1, Wien 1979), S. 171.
109 Maren *Seliger,* Liberale Fraktion im Wiener Gemeinderat 1861—1895, in: Wien in der liberalen Ära (= Forschungen und Beiträge zur Wiener Stadtgeschichte 1, Wien 1978), S. 86.
110 Josef *Pizzala,* Die Bautätigkeit in und um Wien in den Jahren 1843—1881 (= Separatabdruck der *Statistischen Monatsschrift* 8, Wien 1882), S. 5—7.
111 *Weltausstellungscorrespondenz (W.A.C.),* Wien 1872—1873, Nr. 167/580, 3. 8. 1872.
112 WSTLA, Feldernachlaß, Nr. 45, f. 5.
113 *Illustriertes Wiener Extrablatt,* Nr. 50, 14. 5. 1872, S. 3.
114 *Maier,* Börsenkrach S. 127; *Wiener Weltausstellungszeitung,* Nr. 107, 29. 1. 1873.
115 WSTLA, Weltausstellungskommission, Fasz. 447, 1873 f., 168ff.
116 GRSPR, 1. 4. 1873, S. 441ff.
117 *Administrationsberichte* 1873, S. 421.
118 *Konstitutionelle Vorstadtzeitung,* 1. 5. 1873, Beilage zu Nr. 119.
119 *Wiener Weltausstellungszeitung,* Nr. 15, 10. 1. 1872, Beilage.
120 *Wiener Weltausstellungszeitung,* Nr. 9, 15. 11. 1871, S. 4.
121 Das Grand Hotel bestand bis 1957 als Hotel, diente dann der Internationalen Atomenergiebehörde und seit 1980 der Österreichischen Nationalbank.
122 Klaus *Eggert,* Der Wohnbau der Wiener Ringstraße im Historismus 1815—1896 (= Die Wiener Ringstraße. Bild einer Epoche, ed. Renate Wagner-Rieger, Bd. IV, Wiesbaden 1972), S. 350ff.
123 *Neue illustrierte Zeitung,* Nr. 27, 6. 7. 1873, S. 10.
124 Elisabeth *Lichtenberger,* Wirtschaftsfunktion und Sozialstruktur der Wiener Ringstraße (= Die Wiener Ringstraße, Bild einer Epoche, ed. Renate Wagner-Rieger, Bd. VI, Wien/Köln/Graz 1970), S. 85.
125 *Eggert,* Wohnbau, S. 354—362.
126 Alois *Kieslinger,* Die Steine der Wiener Ringstraße. Ihre technische und künstlerische Bedeutung (= Die Wiener Ringstraße. Bild einer Epoche, ed. Renate Wagner-Rieger, Bd. IV, Wiesbaden 1972) S. 334, 411; *Eggert,* Wohnbau, S. 351.
127 *Konstitutionelle Vorstadtzeitung,* 1. 5. 1873, Beilage zu Nr. 119.
128 Erna *Lesky,* Die Wiener Medizinische Schule im 19. Jahrhundert (= Studien zur Geschichte der Universität Wien, Bd. VI, Graz/Köln 1965), S. 280ff.
129 Parviz *Goshtai,* Typische Krankheiten in Wien in den Jahren 1866—1910, phil.Diss. Wien 1979, S. 387.
130 GRSPR, 29. 10. 1872, S. 1975f.

131 Kommunalkalender 1873, S. 249.
132 NÖLA, Regierungsakten: niederösterreichische Statthalterei, Präs. 1119/P9 ex 1872.
133 *Jahresbericht des Wiener Stadtphysikates* über seine Amtstätigkeit im Jahr 1873, Wien 1874, S. 83ff.
134 Rudolf *Till*, Geschichte der Wiener Stadtverwaltungen in den letzten zweihundert Jahren, Wien 1957, S. 82.
135 WSTLA, Feldernachlaß, Nr. 45, f. 6f., 42.
136 Eine ausführliche Beschreibung der ganzen Anlage in *Jahresbericht des Wiener Stadtphysikates* 1873, S. 87ff.
137 Josef *Schrank*, Die Prostitution in Wien in historischer, administrativer und hygienischer Beziehung, Wien 1886, 1. Bd., S. 306f., 319, 361.
138 *Wochenschrift*, XXIX Jg. (1868), S. 234.
139 Hans *Pemmer*, Zur Geschichte des Praters, in: *Monatsblatt des Vereines für Geschichte der Stadt Wien*, 14 (1932), S. 206; J. *Wimmer*, Der Prater. Führer für Fremde und Einheimische, Wien 1873, S. 6.
140 Bernhard Michael *Buchmann*, Der Prater. Die Geschichte des unteren Werd (= Wiener Geschichtsbücher, ed. Peter Pötscher, Bd. 23, Wien/Hamburg 1979), S. 72; AVA, H.M., WWA, Fasz. 8, Zl. 4317 ex 1872.
141 Ant. *Degn*/Ant. *Orleth*, Statistische Notizblätter über die europäischen Staaten der Gegenwart, Wien 1873³, S. 83. Hinsichtlich der verbauten Fläche war die Wiener Weltausstellung mit rund 160.000 m² jedoch genauso groß wie jene von Paris 1867.
142 *Zeitschrift des österreichischen Ingenieur- und Architekten-Vereins*, 24. Jg. (1872), S. 67.
143 Wolfgang *Schütte*, Die Idee der Weltausstellung und ihre bauliche Gestaltung. Eine gebäudekundliche Studie als Material zu einer Baugeschichte des 19. Jahrhunderts, phil. Diss. Hannover 1945, S. 42.
144 *Zeitschrift des österreichischen Ingenieur- und Architekten-Vereins*, 24. Jg. (1872), S. 68f. Die Ausstellungspaläste der ersten beiden Weltausstellungen blieben bestehen, während die der letzten abgetragen wurden.
145 W. *Schwabe*, Die Ingenieursection der Wiener Weltausstellung und ihre Aufgaben, in: Separatdruck der *Zeitschrift des österreichischen Ingenieur- und Architekten-Vereins*, 16. Jg. (1874), S. 1f.
146 *Zeitschrift des österreichischen Ingenieur- und Architekten-Vereins*, 24. Jg. (1872), S. 69.
147 Gerhard *Marauschek*, Zur Entstehungsgeschichte des Grazer Stadtparkbrunnens, in: *Historisches Jahrbuch der Stadt Graz*, Bd. 16/17 (1986), S. 175–191.
148 F. F. *Masaidek*, Wien und die Wiener aus der Spottvogelperspektive. Wiens Sehens-, Merk- und Nichtswürdigkeiten, Wien 1873, S. 61.
149 HHSTA, Wickenburg-Memoiren.
150 J. M. *P.*, De Genève à Constantinopel et Vienne, Genève 1873, S. 254.
151 Walter *Rogge*, Österreich seit der Wahlreform von 1873 I, in: *Unsere Zeit*, N.F. 11/2 (1875), S. 652; *N.F.P.*, Morgenblatt, Nr. 3147, 28. 5. 1873, S. 10f.
152 *Zeitschrift des österreichischen Ingenieur- und Architekten-Vereins*, 25. Jg. (1873), S. 143.
153 Franz *Weller*, Weltausstellungs-Album. Erinnerung an Wien 1873, Wien 1873, S. 19.
154 *Zeitschrift des österreichischen Ingenieur- und Architekten-Vereins*, 24. Jg. (1872), S. 71.
155 AVA, HM, WWA 1873, Fasz. 16, Mappe 1871.
156 AVA, HM, WWA 1873, Fasz. 16, Material 1873: Widmungsurkunde vom 15. 4. 1873.
157 *Allgemeine illustrierte Weltausstellungs-Zeitung*, Nr. 142, 14. 9. 1873, S. 18.
158 WSTLA, Hauptregistratur, Zl. 76 030 ex 1873; ebenda Zl. Q1 33 921 ex 1872; Julius *Hirsch*, Zum ewigen Gedächtnis! Ein Beitrag zur Lösung der Gasfrage in Wien, Wien 1874. HHSTA, OMeA, r. 100/G/2/e/1602 ex 1872.
159 E. *Winkler*, Technischer Führer durch Wien, 2. Teil, Wien 1873, S. 100; Wilfried *Posch*, Weltausstellung 1873 – Was hat sie Wien städtebaulich gebracht?, in: Vision. Brücken in die Zukunft. Weltausstellung Wien – Budapest 1995. ed. Erhard Busek (Wien 1989), S. 42.
160 *Haltern*, Londoner Weltausstellung, S. 346.
161 Renate *Wagner-Rieger*, Wiens Architektur im 19. Jahrhundert, Wien 1970, S. 154f.
162 Eva *Pöschl*, Der Ausstellungsraum der Genossenschaft bildender Künstler Wien 1873–1913. Ein

Beitrag zur Erforschung der Innenraumgestaltung in Kunstausstellungen vom Historismus zur Moderne, phil. Diss. Graz 1974, S. 21.
163 Constantin *Lipsius,* Gottfried Semper in seiner Bedeutung als Architekt, Berlin 1880, S. 3f.
164 Friedrich *Pecht,* Aus meiner Zeit. Lebenserinnerungen, 1. Bd., München 1894, S. 255.
165 Deloye wurde durch die Arbeiten für die Weltausstellung bekannt. Er lebte seit 1873 in Wien. Zur Interpretation seiner Reliefs für das Südportal vgl. AVA, HM, WWA 1873, Fasz. 13, Zl. 6179 ex 1875.
166 Ebenda, Fasz. 12, Zl. 5491, 5986 ex 1875; Fasz. 10, Zl. 5123 ex 1875.
167 *Illustriertes Wiener Extrablatt,* Nr. 120, 2. 5. 1873, S. 2.
168 *Officielle Documente,* Nr. VII, Eröffnungsfeier am 1. Mai 1873, S. 33.
169 WSTLA, Feldernachlaß, Nr. 45f. 10f.
170 Ebenda, Nr. 45, f. 8.
171 *Vaterland,* Nr. 119, 1. 5. 1873, S. 1.
172 *Wiener Weltausstellungszeitung,* Nr. 138, 29. 4. 1873.
173 Eduard *Seis,* Führer durch die Weltausstellung 1873. Praktisches Handbuch für Reisende und Einheimische, Wien 1873, S. 23f.
174 *Allgemeine illustrierte Weltausstellungs-Zeitung,* V. Bd., Nr. 1 und 2, 14. 9. 1873.
175 Franz *Strehlik,* Wien, Führer durch die Kaiserstadt und auf den besuchtesten Routen durch Österreich-Ungarn unter besonderer Berücksichtigung der Weltausstellung, Wien 1873, Sp. 574ff.
176 *Wiener Weltausstellungszeitung,* Nr. 285, 23. 10. 1873.
177 Dazu geben die offiziellen Zeremonialakten genauer Aufschluß. HHSTA, Neuere Zeremonialakten, R. XV, 1873, Kartons 338—352.
178 Brigitte *Hamann,* Elisabeth. Kaiserin wider Willen, Wien/München 1982, S. 321.
179 Hermann *Oberhummer,* Die Wiener Polizei. 200 Jahre Sicherheit in Österreich, Wien 1937, 1. Bd., S. 270ff.
180 Karl *Kadletz,* Reformwünsche und Reformwirklichkeit. Modernisierungsversuche Persiens mit österreichischer Hilfe durch Nāser od-Dīn Šāh, in: Europäisierung der Erde? Studien zur Einwirkung Europas auf die außereuropäische Welt, ed. Grete Klingenstein/Heinrich Lutz/Gerald Stourzh (= Wiener Beiträge zur Geschichte der Neuzeit, Bd. 7, Wien 1980), S. 160.
181 HHSTA, Fam.-Arch. Folliot-Crenneville, Karton 22 ÖkäA/Dienstliches: 2.
182 *Deutsche Zeitung,* Morgenblatt, Nr. 540, 2. 7. 1873, S. 1; *Neues Wiener Tagblatt,* Nr. 211, 212, 2. und 3. 8. 1873, S. 3.
183 *Allgemeine illustrierte Weltausstellungs-Zeitung,* Nr. 11, 10. 8. 1873.
184 WSTLA, Feldernachlaß, Nr. 45, f. 24.
185 AVA, HM, WWA 1873, Fasz. 2, Zl. 1105; *W.A.C.,* Nr. 85/231, 15. 3. 1872.
186 *W.A.C.,* Nr. 2/6, 12. 8. 1871; HHSTA, Adm.Reg. F 34 S.R., Karton 146, Zl. 2553.
187 *Wochenschrift,* XXXIII. Jg. (1872), Nr. 19, S. 204.
188 RGBl, Nr. 159 ex 1872.
189 In den Akten des damaligen Handelsministeriums befindet sich eine Aufstellung von 1872, die noch weitere Länder in Übersee anführt, deren Erscheinen jedoch nicht verifiziert werden konnte. AVA, HM, WWA 1873, Fasz. 13, Material 1872, Zl. 21.
190 Zum Beispiel traf die österreichisch-ungarische Kolonie der Handels- und Gewerbekammer in Konstantinopel umfassende Vorbereitungen: *W.A.C.,* Nr. 80/214, 7. 3. 1872.
191 Zur Biographie Schwegels vgl. Franz Seraph *Griesmayr,* Das österreichische Handelsmuseum in Wien 1874—1918. Eine Darstellung zur Förderung von Österreichs Handel und handelspolitischem Einfluß zwischen 1874 und 1918, phil. Diss. Wien 1968, S. 12ff.
192 Calice erhielt für seine Verdienste um die Wiener Weltausstellung den Orden der eisernen Krone II. Klasse und wurde in den Freiherrnstand erhoben. HHSTA, Adm.Reg. F 4, Karton 45, Personalia Calice, Zl. 1889 ex 1873.
193 Zur Beteiligung Thailands an der Wiener Weltausstellung siehe Orasa *Thaiyanan,* Die Beziehungen zwischen Thailand (Siam) und Österreich-Ungarn (1869—1917/19), gedruckte phil. Diss. Wien 1987 (= Dissertationen der Universität Wien, 184), S. 111ff!
194 Absolut richtige Zahlen konnten aufgrund der unzähligen Nachsendungen und Berichtigungen nicht ermittelt werden.

195 Amtlicher *Bericht* über die Wiener Weltausstellung im Jahre 1873, ed. Centralcommission des deutschen Reiches für die Wiener Weltausstellung, Braunschweig 1874—1877, 1. Bd., S. 6, 85.
196 *Oesterreichischer Oekonomist*, Nr. 36, 6. 9. 1873, S. 283.
197 HHSTA, Adm.Reg. F 34 S.R., Karton 146, Zl. 1968.
198 Officieller *Ausstellungs-Bericht*, ed. General-Direction der Wiener Weltausstellung 1873, Wien 1873—1877, Nr. 70 (= Wilhelm von *Lindheim*, Rußland), S. 208f.
199 HHSTA, Adm.Reg. F 34 S.R., Karton 145, f. 76ff., f. 35f.; Joe V. *Meigs,* General report upon the exposition at Vienna. 1873, Washington 1873.
200 Official *catalogue* of the American Department, ed. Eben Brewer, London 1873.
201 HHSTA, Adm.Reg. F 34 S.R., Karton 145, Zl. 398 ex 1868.
202 HHSTA, Adm.Reg. F 34 S.R., Karton 148 2r—8r, Zl. 217 ex 1872.
203 Welt-Ausstellung 1873 in Wien, Officieller *General-Catalog*, Wien^2 1873, S. 750.
204 *Wiener Weltausstellungszeitung*, Nr. 158, 22. 5. 1873.
205 AVA, HM, WWA 1873, Fasz. 2, Zl. 1113 ex 1874.
206 *Ausstellungs-Bericht*, Nr. 14, S. 36ff.
207 Peter *Pantzer,* Japan und Österreich-Ungarn. Die diplomatischen, wirtschaftlichen und kulturellen Beziehungen von ihrer Aufnahme (1869) bis zum Ausbruch des Ersten Weltkrieges, phil. Diss. Wien 1968, S. 96.
208 Reinhold *Lorenz,* Japan und Mitteleuropa. Von Solferino bis zur Wiener Weltausstellung (1859—73), Brünn/München/Wien 1944, S. 150.
209 *Oesterreichischer Oekonomist,* Nr. 34, 23. 8. 1873, S. 267.
210 *Lorenz,* Japan und Mitteleuropa, S. 163.
211 Peter *Pantzer,* Japans Weg nach Wien — Auftakt und Folgen, in: Herbert Fux, Japan auf der Weltausstellung in Wien 1873 (= Katalog d. Österr. Museums für angew. Kunst, N.F. 24, Wien 1973), S. 15.
212 *Notice sur l'Empire du Japon* et sur la participation à l'exposition Universelle de Vienne, 1873, ed. commission impériale japonaise, Yokohama 1873; *Lorenz,* Japan und Mitteleuropa, S. 149.
213 *Maier,* Börsenkrach S. 269.
214 *Pantzer,* Japans Weg, S. 15ff.
215 HHSTA, Adm.Reg. F 34 S.R., Karton 145, f. 214—303 ex 1872.
216 *Wiener Weltausstellungszeitung,* Nr. 176, 15. 6. 1873, Beilage.
217 *Bericht* 1867, 1. Bd., S. 293.
218 *Officielle Programme,* Nr. 2.
219 Ebenda, Nr. 3.
220 *Oncken,* Weltausstellung, S. 55.
221 Ebenda, S. 39ff.
222 *Haltern,* „Welt als Schaustellung", S. 23.
223 *Bruckmüller/Stekl,* Geschichte des Bürgertums, S. 175f.
224 Jürgen *Kocka,* Die problematische Einheit des Bürgertums im 19. Jahrhundert, in: *Beiträge zur historischen Sozialkunde,* 3/88, S. 78.
225 *Mitteilungen des k.k. österreichischen Museums für Kunst und Industrie,* IV. Jg. (1873), S. 432f., 445—460.
226 Georg *Lehnert,* Illustrierte Geschichte des Kunstgewerbes, Berlin o. J., S. 476; *Strehlik,* Wien, Sp. 564.
227 *Offizielle Programme,* Nr. 2.
228 Amtlicher *Katalog* der Ausstellung des deutschen Reiches, Berlin 1873, S. 459; Ernst *Rebske,* Lampen, Laternen, Leuchten. Eine Historie der Beleuchtung, Stuttgart 1962, S. 78.
229 Souvenir-Album der Wiener Weltausstellung 1873, ed. Adolf *Dillinger*/August von *Conraths,* Wien 1873, S. 82.
230 *Oncken,* Weltausstellung, S. 60ff.; eine ausführliche Beschreibung der gesamten Ausstellung bei Julius *Engelmann*/Albert *Schück*/ Julius *Zöllner,* Der Weltverkehr und seine Mittel. Rundschau über Schiffahrt und Welthandel, Industrieausstellungen und die Pariser Weltausstellung im Jahre 1878 (= Das neue Buch der Erfindungen, Gewerbe und Industrien. Rundschau auf allen Gebieten der gewerblichen Arbeit, 8. Bd. = 2. Erg.bd., Leipzig/Berlin 1880^3).

231 *Strehlik,* Wien, Sp. 558.
232 *Rollinger's* Führer und Notizbuch für die Weltausstellung 1873, Wien 1873, S. 95f.
233 *Wochenschrift,* XXXIV. Jg. (1873), Nr. 49.
234 *Amtlicher Catalog* der Aussteller der im Reichsrat vertretenen Königreiche und Länder Österreichs, Wien 1873, S. 333ff.; *Allgemeine illustrierte Weltausstellungs-Zeitung,* III.Bd., Nr. 11, 22. 6. 1873, S. 125f.
235 AVA, Adelsakt Hardtmuth.
236 *Amtlicher Catalog* Österreichs, S. 136, 207.
237 AVA, Adelsakt Haas.
238 *Amtlicher Catalog* Österreichs, S. 151f.; Josef *Mentschl/* Gustav *Ortuba,* Österreichische Industrielle und Bankiers (= Österreich-Reihe, Bd. 279/281, Wien 1965), S. 137.
239 *Amtlicher Catalog* Österreichs, S. 278.
240 Das Haus Thonet, ed. Gebrüder Thonet A.G., Frankenberg/Eder 1969.
241 Julius *Lessing,* Das Kunstgewerbe auf der Wiener Weltausstellung 1873, Berlin 1874, S. 211f.; Robert *Schmidt,* 100 Jahre Österreichische Glaskunst. Lobmeyr 1823—1923, Wien 1925, S. 50; Waltraud *Neuwirth,* Orientalisierende Gläser J. & L. Lobmeyr (= Neuwirth Handbuch Kunstgewerbe des Historismus, Bd. 1, Wien 1981), S. 34ff.
242 *Engelmann/Schück/Zöllner,* Weltverkehr, S. 260.
243 *Wiener Weltausstellungszeitung,* Nr. 30, 19. 4. 1873.
244 Wilhelm *Mrazek,* Die österreichische Glaskunstindustrie auf den Weltausstellungen 1862—1893, in: Alte und moderne Kunst, 10. Jg. (1965), Heft 79, S. 2f.
245 *Catalog* der Ausstellungen von J. & L. Lobmeyr k.k. Hof-Glaswaren-Lieferanten und Glasraffineure in Wien und von Wilhelm Kralik Firma Meyr's Neffe. Glasfabrikant in Adolf bei Winterberg in Böhmen in Verbindung mit J. & L. Lobmeyr, Wien 1873.
246 *Schmidt,* Lobmeyr, S. 48.
247 *Amtlicher Catalog* Österreichs, S. 226, 255; *Hundert* Jahre Wertheim. 1852—1952. Eine Festschrift, Wien 1952.
248 *Weller,* Weltausstellungs-Album, S. 20.
249 *Amtlicher Catalog* Österreichs, S. 359f.
250 *Amtlicher Catalog* Österreichs, S. 341; *Weller,* Weltausstellungs-Album, S. 21.
251 *Amtlicher Catalog* Österreichs, S. 460ff.
252 *Engel/Rotter,* Heft 1 und 2, S. 108—112.
253 *General-Catalog,* S. 463.
254 *Amtlicher Catalog* Österreichs, S. 3ff.; *Allgemeine illustrierte Weltausstellungs-Zeitung,* Bd. IV., Nr. 3, 13. 7. 1873, S. 39f.
255 AVA, Adelsakt Starck.
256 *Allgemeine illustrierte Weltausstellungs-Zeitung,* II. Bd., Nr. 20, 15. 5. 1873, S. 238 und III. Bd., Nr. 10, 19. 6. 1873, S. 110f.
257 *Wiener Weltausstellungszeitung,* Nr. 257, 20. 9. 1873.
258 *Amtlicher Catalog* Österreichs, S. 255; 125 Jahre Waagner-Biró. 1854—1979. Der Weg eines österreichischen Unternehmens, Wien 1979. 1905 bildete die Firma Waagner mit der Firma L. & J. Biró, deren Gründer Anton Biró seine Bauschlösser auch schon 1873 auf der Weltausstellung gezeigt hatte und dafür den Titel k.u.k. Hofschlosser erhalten hatte, eine Aktiengesellschaft.
259 *Amtlicher Catalog* Österreichs, S. 18ff.
260 *Allgemeine illustrierte Weltausstellungs-Zeitung,* III. Bd., Nr. 5, 1. 6. 1873, S. 68 und IV. Bd., Nr. 5, 20. 7. 1873, S. 69; Katalog zur Collectiv-Ausstellung der Fürsten Johann Adolf und Adolf Josef zu Schwarzenberg, Wien 1873.
261 *Amtlicher Catalog* Österreichs, S. 420f.; Alexander *Friedmann,* Offizieller Bericht über das Marinewesen auf der Weltausstellung in Wien, Wien 1874.
262 *Seis,* Führer durch die Weltausstellung, S. 32; *Über Land und Meer,* 30. Jg., Nr. 39 (1873), S. 774; *Allgemeine illustrierte Weltausstellungs-Zeitung,* Bd. III., Nr. 11, 22. 6. 1873, S. 128f.
263 Alt-Wiener Tanzmusik in Originalausgaben, ed. Franz *Pantzer* (199. Wechselausstellung der Wiener Stadt- und Landesbibliothek, Wien 1983), S. 44.

Anmerkungen

264 Philipp *Fahrbach*, Alt-Wiener Erinnerungen, ed. Max Singer, Wien 1935, S. 148.
265 *Illustriertes Wiener Extrablatt*, 2. Jg., Nr. 170, 22. 6. 1873, S. 4.
266 *Über Land und Meer*, 30. Jg., Nr. 49 (1873), S. 974.
267 *Officielle Programme*, Nr. 63.
268 *Wiener Weltausstellungs-Zeitung*, Nr. 37, 1. 5. 1872, Beilage.269 *Wochenschrift*, XXXIV Jg., Nr. 22, 29. 5. 1873, S. 280.
270 *Schmidt*, Lobmeyr, S. 48.
271 *Haltern*, „Welt als Schaustellung", S. 18.
272 Probedrucke bedeckten ganze Wandflächen in der Agrikulturhalle. Klaus *Höglinger*, Das österreichische Plakat. 1873—1914, phil. Diss. Wien 1980, S. 18ff; Tagebuch der Strasse. Geschichte in Plakaten, ed. Wiener Stadt- und Landesbibliothek Wien 1981, S. 66.
273 *Deutsche Bauzeitung*, Jg. VII., Nr. 80, 4. 10. 1873, S. 308.
274 Werner *Plum*, Weltausstellungen im 19. Jahrhundert des soziokulturellen Wandels (= Soziale und kulturelle Aspekte der Industrialisierung. Hefte aus dem Forschungsinstitut der Friedrich-Ebert-Stiftung), Bonn/Bad Godesberg 1975, S. 104.
275 *Liste* der Mitglieder der internationalen Jury, 1.—4. Ausgabe, Wien 1873.
276 *Officielle Programme*, Nr. 76.
277 Ebenda, S. 38ff.
278 Weltausstellung in Wien. Amtliches *Verzeichnis* der Aussteller, welchen von der internationalen Jury Ehrenpreise zuerkannt worden sind, Wien 1873², S. 1.
279 *Neue illustrierte Zeitung*, Bd. 2, Nr. 41, 1873, S. 1.
280 *Wiener Zeitung*, Nr. 255, 1. 11. 1873; *Hof- und Staats-Handbuch* der Österreichisch-Ungarischen Monarchie für 1874, 1. Jg., Wien 1874, S. 126—129.
281 AVA, Adelsakte Manner und Skene.
282 AVA, Adelsakte Offermann, Hasenauer, Leitenberger, Pollak, Engerth und Starck.
283 Erentrude *Thurner*, Untersuchungen zur Struktur und Funktion der österreichischen Gesellschaft um 1878, phil. Diss. Graz 1964, S. 204ff.
284 Daniel *Spitzer*, Wiener Spaziergänge. Zweite Sammlung, Leipzig/Wien 1879, S. 313f.; WSTLA, Feldernachlaß, Nr. 45, f. 3.
285 Evelyn *Kroker*, Publikationen über die Weltausstellungen aus dem 19. Jahrhundert als Quelle für die Wirtschafts- und Technikgeschichte, in: *Technikgeschichte in Einzeldarstellungen*, ed. Eberhard Schmanderer, 17 (1969), S. 131—147.
286 AVA, HM, WWA 1873, Fasz. 1, Zl. 334 ex 1874.
287 *Morpurgo*, Ritter von Nilma, Weltausstellung 1873 in Wien. Abteilung der tunesischen Regentschaft, Wien 1873; *Notice sur l'Empire du Japon*.
288 Barbara *Mundt*, Historismus. Kunsthandwerk und Industrie im Zeitalter der Weltausstellungen (= Katalog des Kunstgewerbemuseums Berlin, Bd. VII, Berlin 1973), o. S.
289 Gottfried Semper definierte schon 1851 das Verhältnis von Kunst und Industrie in einer für das übrige Jahrhundert gültigen Weise, indem er den ungünstigen Einfluß von Mechanisierung und Arbeitsteilung auf die soziale Stellung des Künstlers und die Geschmacksbildung auszugleichen forderte. Gottfried *Semper*, Wissenschaft, Industrie und Kunst. Vorschläge zur Anregung nationalen Kunstgefühls, Braunschweig 1852.
290 Der Begriff der „Kunstindustrie" bezeichnete alle jene Zweck- und Ziergegenstände, die durch Form oder Dekor künstlerischen Rang einnahmen. Erst in der Mitte der sechziger Jahre des 19. Jahrhunderts setzten sich Begriffe wie „Kunstgewerbe" und „Kunsthandwerk" im allgemeinen Sprachgebrauch und in der Fachwelt durch. Vgl. dazu: Jacob *Falke*, Die Kunstindustrie auf der Wiener Weltausstellung, Wien 1873; Kunst und Kunstgewerbe auf der Wiener Weltausstellung 1873, ed. Carl von *Lützow*, Leipzig 1875; Friedrich *Pecht*, Kunst und Kunstindustrie auf der Wiener Weltausstellung 1873, Stuttgart 1873.
291 Heinrich *Waentig*, Kunstgewerbe, in: Handwörterbuch der Staatswissenschaften, 6. Bd., Jena 1925⁴, S. 108.
292 *Eitelberger*, Kunstindustrie, S. 9.
293 Special-Catalog der Ausstellung des Persischen Reiches, Wien 1873.

294 Vgl. *Mundt,* Historismus; über die Verarbeitung orientalischer Vorlagen vgl. auch Der Orient und die Wiener Weltausstellung, in: *Blätter für Kunstgewerbe,* III. Jg. (1873), S. 53f. und *Falke,* Kunstindustrie, S. 25.
295 AVA, HM, WWA 1873, Fasz. 13, Material 1871.
296 Heinrich *Waentig,* Wirtschaft und Kunst. Eine Untersuchung über Geschichte und Theorie der modernen Kunstgewerbebewegung, Jena 1909, S. 161.
297 Zur Definition und Geschichte der Kunstausstellungen vgl. Georg Friederich *Koch,* Die Kunstausstellung. Ihre Geschichte von den Anfängen bis zum Ausgang des 18. Jahrhunderts, Berlin 1967, S. 8f.; über die Bedeutung der Kunstausstellung und ihren Einfluß auf die Entwicklung des Ausstellungswesens vgl. Kenneth W. *Luckhurst,* The story of exhibitions, London/New York 1951, S. 15ff.
298 *Lützow,* Kunst und Kunstgewerbe, S. 262.
299 Welt-Ausstellung 1873 in Wien. Officieller *Kunst-Catalog,* Wien 1873².
300 *Oncken,* Weltausstellung, S. 69f.; *Konstitutionelle Vorstadtzeitung,* Nr. 175, 27. 6. 1873, S. 1f.; *Pöschl,* Ausstellungsraum, S. 46f.
301 *Officielle Programme,* Nr. 18, 21.
302 Rudolf *Schmidt,* Das Wiener Künstlerhaus. Eine Chronik 1861–1951, Wien 1951, S. 58.
303 HHSTA, ÖKäA, r. 53, Zl. 681 ex 1872 und Zl. 810 ex 1873; eine weitere Auftragsarbeit für den Kaiser war die in der Rotunde aufgestellte und von dem deutschen Bildhauer Karl Zumbusch für 4000 Gulden angefertigte Büste Franz Josephs: HHSTA, OMeA, r. 140/9/3120 ex 1873 und ÖKäA, r. 53, Zl. 738 ex 1873.
304 *Lützow,* Kunst und Kunstgewerbe, S. 370f.
305 Ebenda, S. 475ff.
306 *Pecht,* Kunst und Kunstindustrie, S. 229f.
307 *Schmidt,* Künstlerhaus, S. 58.
308 Julius *Lessing,* Das halbe Jahrhundert der Weltausstellungen, Berlin 1900, S. 19.
309 AVA, HM, WWA 1873, Fasz. 1, Zl. 242.
310 *Ausstellungs-Bericht,* Nr. 73.
311 *Weller,* Weltausstellungs-Album, S. 2.
312 Vgl. dazu: Roman *Sandgruber,* Die Anfänge der Konsumgesellschaft. Konsumgüterverbrauch, Lebensstandard und Alltagskultur in Österreich im 18. und 19. Jahrhundert (= Sozial- und wirtschaftshistorische Studien, ed. Alfred Hoffmann, Herbert Knittler und Michael Mitterauer, Bd. 15, Wien 1982), S. 360ff.
313 *Gleichheit,* II. Jg., Nr. 48, 1. 12. 1888.
314 *Oncken,* Weltausstellung, S. 42ff.
315 *Wiener Weltausstellungszeitung,* Nr. 94, 7. 12. 1872, S. 3.
316 Vgl. auch Johann *Wist,* Das Arbeiterwohnhaus auf der Wiener Weltausstellung, in: *Zeitschrift des Ingenieur- und Architekten-Vereins,* 26. Jg. (1874), S. 186–194; *Ausstellungs-Bericht,* Nr. 67, S. 23.
317 *Oncken,* Weltausstellung, S. 44f.; *Officielle Programme,* Nr. 5.
318 Leopold *Schmidt,* Das österreichische Museum für Volkskunde. Werden und Wesen eines Wiener Museums (= Österreich-Reihe, Bd. 98/100, Wien 1960), S. 12.
319 Leopold *Schmidt,* Volkskunde von Niederösterreich, 1. Bd., Horn 1966, S. 39.
320 *Ausstellungs-Bericht,* Nr. 51 (= Karl Julius *Schröer,* Das Bauernhaus mit seiner Einrichtung und seinem Geräthe).
321 Ebenda, S. 40f.
322 AVA, HM, WWA 1873, Fasz. 1, Zl. 15.
323 *Richter,* Betrachtungen, S. 32.
324 Vgl. dazu *Bruckmüller/Stekl,* Geschichte des Bürgertums, S. 162ff.
325 *Oncken,* Weltausstellung, S. 54.
326 *Officielle Programme,* Nr. 15, 16; *Ausstellungs-Bericht,* Nr. 12.
327 AVA, HM, WWA 1873, Fasz. 13, Material 1871.
328 *Ausstellungs-Bericht,* Nr. 1 (= Ferdinand *Stamm,* Der Pavillon des kleinen Kindes).
329 Gustav *Strakosch-Graßmann,* Geschichte des österreichischen Unterrichtswesens, Wien 1905, S. 295.

Anmerkungen

330 Erasmus *Schwab,* Die österreichische Musterschule für Landgemeinden auf dem Weltausstellungsplatze, Wien 1873².
331 *Weller,* Weltausstellungs-Album, S. 9.
332 *Ausstellungs-Bericht,* Nr. 72 (= Erasmus *Schwab,* Die Volks- und Mittelschule. Schulbauten und Einrichtungen).
333 *Ausstellungs-Bericht,* Nr. 49 (= Armand Freiherr von *Dumreicher,* Das gewerbliche Unterrichtswesen).
334 Ebenda, S. 22.
335 *Ausstellungs-Bericht,* Nr. 67; Josef *Schaller,* Die humanitären Institutionen für Erwachsene, mit besonderer Bezugnahme auf den Arbeiterstand auf der Weltausstellung 1873 in Wien, Wien 1876.
336 *Officielle Programme,* Nr. 55.
337 Aglaia von *Enderes,* Die österreichische Special-Ausstellung der Frauenarbeiten auf der Wiener Weltausstellung, Wien 1874, S. XIII.
338 *Mitteilungen des k.k. österreichischen Museums,* IV. Jg. (1873), S. 108.
339 Vgl. *Gisela Urban,* Die Entwicklung der österreichischen Frauenbewegung im Spiegel der wichtigsten Vereinsgründungen, in: Frauenbewegung, Frauenbildung und Frauenarbeit in Österreich, ed. Bund österreichischer Frauenvereine, Wien 1930, S. 25—64.
340 *Der Urwähler.* Organ der Gemeinden von Niederösterreich, Nr. 7, 3. 4. 1873, S. 1.
341 *Die Gartenlaube,* Nr. 30, 1873, S. 486.
342 *Zeitschrift des österreichischen Ingenieur- und Architekten-Vereins,* 24. Jg. (1872), S. 433.
343 *N.F.P.,* Morgenblatt, Nr. 3120, 1. 5. 1873, S. 1.
344 Stenographische Protokolle des Herrenhauses, VII. Session, 26. 3. 1873, S. 435.
345 *Maier,* Börsenkrach, S. 120.
346 WSTLA, Feldernachlaß, Nr. 45, f. 1.
347 *Maier,* Börsenkrach, S. 122.
348 *Oncken,* Weltausstellung, S. 5.
349 Die Zahl der Besucher betrug im Mai 581.235, im Juni 1,235.429, im Juli 1,183.901, im August 1,178.242, im September 1,383.331, im Oktober 1,473.605 und im November 218.950. AVA, HM, WWA, 1873, Fasz. 9, Zl. 4742.
350 *Neue illustrierte Zeitung,* Nr. 28, 13. 7. 1873, S. 8.
351 Die Zahl der Besucher wies eine gegen das Ende des Jahrhunderts stark ansteigende Tendenz auf: 1851: 6, 1855: 4,2, 1862: 6,2, 1867: 11, 1873: 7,3, 1876: 9,9, 1878: 16, 1889: 32,4, 1893: 27,5 und 1900: 48,1 Millionen Besucher. Eugene *Ferguson,* Expositions of technology, 1851—1900, in: Technology in Western Civilisation, ed. Melvin Kranzberg/Cardl W. Pursell, vol. I (1967), S. 713.
352 *Administrationsberichte* 1873, S. 638.
353 *Internationale Ausstellungs-Zeitung,* Beilage *N.F.P.,* Nr. 3227, 17. 8. 1873, S. 4.
354 WSTLA, Feldernachlaß Nr. 45, f. 20.
355 *Maier,* Börsenkrach, S. 129.
356 AVA, WWA 1873, Fasz. 14; AVA, HM, WWA 1873, Fasz. 9, Zl. 4742.
357 *Neues Wiener Tagblatt,* Nr. 301, 1. 11. 1873.
358 Ebenda, Nr. 302, 3. 11. 1873.
359 Ferdinand *Kürnberger,* Briefe an eine Freundin (1858—1879), ed. Otto Erich Deutsch (= Schriften des Literarischen Vereins in Wien, Bd. VIII, Wien 1907), S. 247.
360 WSTLA, Feldernachlaß, Nr. 43, f. 24.
361 Vgl. dazu *Maier,* Börsenkrach, S. 118ff.
362 Fritz *Steiner,* Der Große Krach vom Jahre 1873, in: Österreichische Rundschau, 35 (1913), S. 346.
363 *Maier,* Börsenkrach, S. 138.
364 Zum Verlauf der Krise vgl. Joseph *Neuwirth,* Die Spekulationskrisis von 1873 (= Joseph Neuwirth, Bank und Valuta in Österreich-Ungarn, 2. Bd., Leipzig 1874), S. 46—56.
365 Eduard *März,* Österreichische Industrie- und Bankpolitik in der Zeit Franz Josephs I. Am Beispiel der k.k. priv. österreichischen Creditanstalt für Handel und Gewerbe, Wien/Frankfurt/Zürich 1968, S. 171ff.
366 *Maier,* Börsenkrach, S. 151.

367 Ebenda, S. 159.
368 *Olegnik,* Historisch-statistische Übersichten, S. 21.
369 *Rogge,* Wahlreform, S. 668.
370 Hans *Rosenberg,* Große Depression und Bismarckzeit. Wirtschaftsablauf, Gesellschaft und Politik in Mitteleuropa (= Veröffentlichungen der historischen Kommission zu Berlin, Bd. 24 = Publikationen zur Geschichte der Industrialisierung, Bd. 2, Berlin 1967), S. 26ff.
371 Julius *Rodenberg,* Wiener Sommertage, Leipzig 1875, S. 22.
372 Anton *Drasche,* Gesammelte Abhandlungen, Wien 1893, S. 483.
373 *Jahresbericht des Wiener Stadtphysikates* 1873, S. 50.
374 *Drasche,* Abhandlungen, Tabelle IV, S. 677.
375 WSTLA, Feldernachlaß, Nr. 45, f. 6.
376 *Drasche,* Abhandlungen, Tabelle XI.
377 Ebenda, Tabelle V.
378 Ebenda, Tabelle III.
379 STB, HSS, I.N. 48.315, Kaspar von Zumbusch an einen Freund, Wien 22. 8. 1873.
380 HHSTA, Fam.-Arch. Folliot-Crenneville, Karton 23, Brief des Arztes Joseph R. L. Dickson, undatiert.
381 Von 1000 Einwohnern starben 1831 6,7%, 1855 6,3%, 1866 5,1% und 1873 nur 4,3%. *Drasche,* Abhandlungen, Tabelle XI.
382 *Administrationsberichte* 1873, S. 544ff.; *Jahresbericht des Wiener Stadtphysikates* 1873, S. 91ff.
383 *Internationale Ausstellungszeitung,* Beilage zur *N.F.P.,* Nr. 3123, 4. 5. 1873, S. 1.
384 Die neue Weichenstellung erfolgte allerdings schon unter Beust. Dazu vgl. Heinrich *Lutz,* Von Königgrätz zum Zweibund. Aspekte europäischer Entscheidungen, in: *Historische Zeitschrift,* 217 (1973), S. 369ff.
385 Karl Erich *Born,* Von der Reichsgründung bis zum Ersten Weltkrieg (= Gebhardt Handbuch der deutschen Geschichte, Bd. 16, München 1980⁹), S. 101.
386 Dazu fehlen jegliche schriftliche Abmachungen.
387 *N.F.P.,* Abendblatt, Nr. 3156, 7. 6. 1873, S. 1.
388 Fritz *Leidner,* Die Außenpolitik Österreich-Ungarns vom Deutsch-Französischen Kriege bis zum Deutsch-Österreichischen Bündnis, 1870—1879, gedruckte phil. Diss. Kiel 1934, S. 36.
389 *N.F.P.,* Abendblatt, Nr. 3292, 22. 10. 1873, S. 1.
390 *Rogge,* Wahlreform, S. 678; Ludwig Ritter von *Przibram,* Erinnerungen eines alten Österreichers, Stuttgart/Leipzig 1910—1912, 1. Bd., S. 378.
391 *Przibram,* Erinnerungen, 1. Bd., S. 371.
392 *Rogge,* Katastrophe Hohenwart-Beust, S. 677.
393 Alexander *Novotny,* Außenminister Gyula Graf Andrássy der Ältere (1823—1890), in: Gestalter der Geschicke Österreichs, ed. Hugo Hantsch, Innsbruck/Wien/München 1962, 2. Bd., S. 467.
394 Vgl. *Pantzer,* Japan und Österreich-Ungarn, S. 37f., 99; *Lorenz,* Japan und Mitteleuropa, S. 176.
395 Stenographische Protokolle des Abgeordnetenhauses, VIII. Session, 1. Bd., 1. Beilage, 1874, S. 1f.
396 Gustav *Kolmer,* Parlament und Verfassung in Österreich, 2. Bd., 1867—79, Wien/Leipzig 1903, S. 276.
397 *N.F.P.,* Morgenblatt, Nr. 3233, 23. 8. 1873, S. 5f.; *Wiener Weltausstellungszeitung,* Nr. 235, 24. 8. 1873.
398 *Hamann,* Elisabeth, S. 316.
399 *Przibram,* Erinnerungen, 1. Bd., S. 380f.
400 Ludwig von *Pastor,* Leben des Freiherrn von Gagern 1810—1899. Ein Beitrag zur politischen und kirchlichen Geschichte des neunzehnten Jahrhunderts, Kempten/München 1912, S. 416.
401 Noch 1873 mußte der „Sperl", der schon seit 1850 an Ruf und Niveau verloren hatte, geschlossen und das Gebäude demoliert werden. Das große Groner Wien Lexikon, ed. Felix Czeike, Wien/München/Zürich 1974, S. 771.
402 *Neues Wiener Tagblatt,* Nr. 95, 6. 4. 1873.
403 Anton *Bauer,* 150 Jahre Theater an der Wien, Zürich/Leipzig/Wien 1952, S. 183.
404 *N.F.P.,* Morgenblatt, Nr. 3211, 1. 8. 1873, S. 11.

405 Groner Wien Lexikon, S. 805.
406 *Wiener Weltausstellungszeitung,* Nr. 144, 6. 5. 1873.
407 Groner Wien Lexikon, S. 781.
408 *N.F.P.,* Morgenblatt, Nr. 3300, 30. 10. 1873, S. 6; WSTLA, Feldernachlaß, Nr. 45, f. 31.
409 *Bauer,* Theater an der Wien, S. 181.
410 *N.F.P.,* Morgenblatt, Nr. 3298, 28. 10. 1873, S. 6.
411 Johann *Strauß* (Sohn), Die Fledermaus (= Gesamtausgabe. Serie II/Bd. 3, Wien 1974), S. 500ff.
412 WSTLA, Feldernachlaß, Nr. 45, f.18.
413 AVA, HM, WWA 1873, Fasz. 1, Zl. 1a ex 1874.
414 RGBl., Nr. 7 ex 1874.
415 Amtlicher Bericht über die Geschäftstätigkeit des k.k. Handels-Ministeriums während des Jahres 1874 (= Nachrichten über Industrie, Handel und Verkehr aus dem Statistischen Departement im k.k. Handels-Ministerium, VI., Bd., III. Heft, Wien 1875), S. 29.
416 AVA, HM, WWA 1873, Fasz. 13, Zl. 6229.
417 Der norwegische Pavillon sollte im Park von Laxenburg aufgestellt werden: HHSTA, OMeA, r. 100/G/2/c ex 1874.
418 HHSTA, OMeA, r. 100/G/2/a/3492, 3692 ex 1875.
419 HHSTA, OMeA, r. 100/G/2/n/2805 ex 1876; *Lessing,* Weltausstellungen, S. 221.
420 AVA, HM, allg. WA., Zl. 28.639 ex 1877.
421 Noch 1906 wurde der Fortbestand der Rotunde auf weitere zehn Jahre bestätigt. *N.F.P.,* Nr. 14.861, 7. 1. 1906, S. 13.
422 AVA, HM, WWA 1873, Fasz. 9, Zl. 4760 ex 1873.
423 WSTLA, Feldernachlaß, Nr. 45, f. 39.
424 *Administrationsberichte* 1874—76 (1878), S. 758—62; erst 1945 wurde diese Halle zerstört.
425 Archiv der Akademie der bildenden Künste, Verwaltungsakten, Zl. 389 ex 1873.
426 Alphons *Egger,* Die staatliche Kunstförderung in der zweiten Hälfte des 19. Jahrhunderts, phil. Diss. Wien 1951, S. 90.
427 AVA, HM, WWA 1873, Fasz. 13, Zl. 6229 ex 1875.
428 AVA, HM, WWA 1873, Fasz. 13, Zl. 6110 ex 1875.
429 AVA, HM, WWA 1873, OMeA, r. 100/G/9/5976 ex 1880.
430 Die umfassendste Zusammenstellung dazu vgl. Hans *Pemmer*/Nini *Lackner*/Günther *Düriegl*/Ludwig *Sackmauer,* Der Prater. Von den Anfängen bis zur Gegenwart (= Wiener Heimatkunde), München 1974, S. 181—190.
431 *N.F.P.,* Morgenblatt, Nr. 26.230, 18. 9. 1937.
432 Am 11. April 1873 war auf diesem nach dem Oberstfhofmeister Fürst Konstantin zu Hohenlohe-Schillingfürst benannten Hügel das vornehmste und ruhigste „Caffeerestaurant" des Praters von Eduard Sacher eröffnet worden.
433 Karl Hans *Ballner,* 60 Jahre Trabrenn-Verein zu Baden bei Wien, Baden 1952; *Pemmer u. a.,* Prater, S. 45.
434 Victor *Böhmert,* Der Einfluß der Wiener Weltausstellung auf die Arbeit des Volkes (= Mitteilungen des Athenäums), Wien 1873, S. 3ff.
435 Das *Athenäum.* Ein Gewerbe-Museum und Fortbildungsinstitut in Wien. Gestiftet von Wilhelm Freiherr von Schwarz-Senborn, Wien 1873/74, 1. Mitteilung, S. 13f.; AVA, HM, allg., 4.a., Zl. 19221 ex 1874.
436 Anonym, Die wirtschaftliche *Bilanz* der Weltausstellung 1873 in Wien, Wien 1874, S. 9ff.
437 Wilhelm *Exner,* Erlebnisse, Wien 1929, S. 70.
438 70 Jahre Technologisches Gewerbemuseum. 1879—1949, Wien 1949, S. 7f.
439 Museen und Sammlungen in Österreich, Wien/München 1868, S. 316f.
440 Das k.k. österreichische Handels-Museum 1875—1900, ed. Curatorium, Wien 1900, S. 12.
441 *Griesmayr,* Handelsmuseum, S. 16.
442 HHSTA, Adm.Reg. F 34 S.R., Karton 145, Zl. 2645, 2810a, 3846 ex 1873.
443 *Griesmayr,* Handelsmuseum, S. 40ff.
444 Ebenda, S. 141, 209ff.

445 STB, HSS, I.N. 23.530, 23.541 ex 1873.
446 *Blätter für Kunstgewerbe*, III. Jg. (1874), S. 81, 87; *Lützow*, Kunst und Kunstgewerbe, S. 128, 130.
447 Johann *Winckler*, Die periodische Presse Oesterreichs. Eine historische Studie, Wien 1875, S. 200.
448 *W.A.C.*, Nr. 41/91, 28. 12. 1871.
449 *Strehlik*, Wien, Sp. 571.
450 Edmund *Steinacker*, Eine Selbstbiographie, Kronstadt 1910, S. 4.
451 *Oesterreichischer Oekonomist*, Nr. 32, 12. 8. 1871, S. 432 und Nr. 27, 6. 7. 1872, S. 209f.
452 *Finanzielle Fragmente*, Nr. 20, 15. 5. 1873.
453 Ebenda, Nr. 8, 19. 2. 1873 und Nr. 11, 12. 3. 1873.
454 *Oesterreichischer Oekonomist*, Nr. 3, 18. 1. 1873, S. 18ff.
455 *Winckler*, periodische Presse, S. 138.
456 *Illustriertes Wiener Extrablatt*, Nr. 146, 28. 5. 1873, S. 4.
457 *Pecht*, Aus meiner Zeit, S. 253f.
458 *Kürnberger*, Briefe S. 246.
459 Hans *Pemmer*, Die Wiener Weltausstellung 1873 in der Karikatur, in: *Unsere Heimat.* Monatsblatt des Vereines für Landeskunde und Heimatschutz von Niederösterreich und Wien, N.F. 6 (1933), S. 313—317.
460 V. F. *Klun*, Statistik von Österreich-Ungarn, Wien 1876, S. 296f.
461 *Haltern*, „Welt als Schaustellung", S. 21f.
462 Ulrike *Weber-Felber*, Manifeste des Fortschritts — Feste der Klassen? Assoziationen zum Thema Weltausstellung, in: *Beiträge zur historischen Sozialkunde* 4/87, S. 110f.; *Maier*, Börsenkrach, S. 127.
463 Stenographische Protokolle des Abgeordnetenhauses, VIII. Session 1874, 1. Beilage, S. 1f.
464 Sigmund Freud an Emil Fluß in einem Brief vom 16. 6. 1873, in: Sigmund *Freud*, Briefe 1873—1939, ed. Ernst und Lucie Freud, Frankfurt am Main, 1960^2, S. 6.
465 *Die Presse*, Localanzeiger, Nr. 301, 1. 11. 1873, S. 8.
466 *Mitteilungen über die Industrie-Ausstellung*, S. 3.

I. Quellenverzeichnis

1. Ungedruckte Quellen:

Allgemeines Verwaltungsarchiv (AVA), Wien:
    Adelsakte
Handelsministerium, Wiener Weltausstellung 1873, Fasz. 1—16
    Ministerratsprotokolle 1871—1873

Archiv der Akademie der Bildenden Künste, Wien:
    Verwaltungsakten 1870—1875

Finanzarchiv (FA), Wien:
    Präsidialakten 1870—1876

Haus-, Hof- und Staatsarchiv (HHSTA), Wien:
    Administrative Registratur:
        F 4 (Staatskanzlei und Ministerium des Äußern)
        Karton   45 Calice
        Karton 310 Wilhelm Schwarz-Senborn
        Karton 311 Ritter von Schwegel
        Karton 312
        F 34 S.R. (Handelspolitische Akten)
        Karton 145—148 Weltausstellung Wien 1873
        Karton 144, 212, 288, 372 Wien Ausstellungen 1873—1883
    Familienarchiv Folliot-Crenneville:
        Karton 22, 23
    Familienarchiv Wickenburg/Memoiren (befindet sich in Privatbesitz in Gleichenberg, Verwendung der Kopien von Frau Dr. Elisabeth Springer)
    Obersthofmeisteramt: 1866—1880
        Fasz. 338—352 Neuere Zeremonialakten 1873
    Oberstkämmeramt: 1872—1874

Niederösterreichisches Landesarchiv (NÖLA), Wien:
    Niederösterreichische Statthalterei: Präsidialakten 1872

Wiener Stadt- und Landesarchiv (WSTLA), Wien:
    Gemeinderat Weltausstellungskommission Fasz. 447—452
    Hauptarchivakten: 1869—1873
    Nachlaß: Dr. Kajetan Felder Nr. 41—52 Karton 8

Wiener Stadt- und Landesbibliothek: Handschriftensammlung (STB, HSS), Wien:
    Korrespondenz: Rudolf von Eitelberger 1871—1873
                   Kaspar von Zumbusch 1873

2. Gedruckte Quellen:

    a. Kataloge und Berichte zur Wiener Weltausstellung:[*]

Officieller *Ausstellungs-Bericht*, ed. General-Direction der Wiener Weltausstellung 1873. 95 Hefte. (Wien 1873—1877)

---

[*] Genaues Verzeichnis der Kataloge und Berichte siehe Pemsel, Weltausstellung.

Belgique. Agriculture. Collections de produits et d'instruments agricoles du Ministère de l'Intérieur. (Bruxelles 1873)

Belgique. Catalogue des Oeuvres d'art. (Bruxelles 1873)

Belgique. Catalogue des Produits Industriels et des Oeuvres d'art. (Bruxelles 1873)

Bericht über Besitz, Umfang, Erzeugung und sonstige Betriebsverhältnisse der Steinkohlenbergwerke des Ausstellers Heinrich Ritter Drasche von Wartinberg. (Wien 1873)

Amtlicher *Bericht* über die Wiener Weltausstellung im Jahre 1873, ed. Centralcommission des deutschen Reiches für die Wiener Weltausstellung. 3. Bde. (Braunschweig 1874–1877)

Anonym, Die wirtschaftliche *Bilanz* der Weltausstellung 1873 in Wien. (Wien 1874)

Victor *Böhmert,* Der Einfluß der Wiener Weltausstellung auf die Arbeit des Volkes (= Mitteilungen des Athenäums Wien 1873)

Das Kaiserreich *Brasilien* auf der Weltausstellung von 1873. (Rio de Janeiro 1873)

Catalog der kaiserlich japanischen Ausstellung. (Wien 1873)

Catalog für die Ausstellung österreichischer Frauenarbeiten. (Wien 1873)

Catalog der Ausstellungen von J. & L. Lobmeyr k.k. Hof-Glaswaaren-Lieferanten und Glasraffineure in Wien und von Wilhelm Kralik Firma Mayr's Neffe. Glasfabrikant in Adolf bei Winterberg in Böhmen in Verbindung mit J. & L. Lobmeyr. (Wien 1873)

Amtlicher *Catalog* der Aussteller der im Reichsrat vertretenen Königreiche und Länder Österreichs. (Wien 1873)

Catalogo delle Belle Arti italiane. (Vienna 1873)

Catalogo Generale degli Expositori italiani. (Roma 1873)

Official *catalogue* of the American Department, ed. Eben Brewer. (London 1873)

Official *Catalogue.* The British Section at the Vienna universal exhibition 1873. (London 1873)

Catalogue Général de la section espagnole, ed. commissariat d'espagne. (Vienna 1873)

Catalogue special de la section russe à l'exposition universelle de Vienne en 1873, ed. commission impériale de Russie. (St.-Pétersbourg 1873)

Aglaia von *Enderes,* Die österreichische Special-Ausstellung der Frauenarbeiten auf der Wiener Weltausstellung. (Wien 1874)

Dies., Die Frauenarbeit und nationale weibliche Hausindustrie auf der Wiener Weltausstellung. (Budapest 1874)

Biographisches Lexikon der Wiener Weltausstellung 1873, ed. *Engel* und *Rotter.* Bd. I; weitere sind nicht erschienen. (Wien 1873)

Jacob *Falke,* Die Kunstindustrie auf der Wiener Weltausstellung 1873. (Wien 1873)

Finnland. Kurze Notizen über das Land. Verzeichnis der eingesandten Artikel. (Helsingfors 1873)

France. Commission supérieure, Rapports, 5 Bde. (Paris 1875)

France. Oeuvres d'art et Manufactures nationales. (Vienne 1873)

France. Produit industriels (comprenant l'Algérie et les colonies françaises). (Vienne ²1873)

Alexander *Friedmann,* Offizieller Bericht über das Marinewesen auf der Weltausstellung 1873 Wien. (Wien 1873)

Führer zur Welt-Ausstellung in Wien, ed. Franz Strahalm. (Leipzig/Berlin/Wien o. J.)

Welt-Ausstellung 1873 in Wien. Officieller *General-Catalog.* (Wien ²1873)

General-Catalog photographischer Erzeugnisse der Wiener Photographen-Association für die Weltausstellung 1873, ed. Central-Bureau der Wiener Photographen-Association. (Wien 1874)

Katalog zur Collectiv-Ausstellung der Fürsten Johann Adolf und Adolf Josef zu Schwarzenberg. (Wien 1873)

Katalog für die Schweizerische Abtheilung der Wiener Welt-Ausstellung 1873. (Winterthur 1873)

Amtlicher *Katalog* der Ausstellung des deutschen Reiches. (Berlin 1873)

Welt-Ausstellung 1873 in Wien. Officieller *Kunst-Catalog.* (Wien ²1873)

Julius *Lessing,* Das Kunstgewerbe auf der Wiener Weltausstellung 1873. (Berlin 1874)

Liste der Mitglieder der internationalen Jury. 1.–4. Ausgabe. (Wien 1873)

Carl von *Lützow* (Hrsg.), Kunst und Kunstgewerbe auf der Wiener Weltausstellung 1873. (Leipzig 1875)

Joe V. *Meigs,* General Report upon the Exposition at Vienna 1873. (Washington 1873)

Morpurgo Ritter von Nilma, Weltausstellung 1873 in Wien. Abtheilung der tunesischen Regentschaft. (Wien 1873)

Notice sur l'Empire du Japon et sur sa participation à l'exposition Universelle de Vienne. 1873 ed. commission impériale japonaise. (Yokohama 1873)

Weltausstellung 1873 in Wien. *Officielle Documente.* (Wien 1873)

Weltausstellung 1873 in Wien. *Officielle Programme* und Publicationen. (Wien 1872–1873)

August *Oncken,* Die Wiener Weltausstellung 1873, in: Deutsche Zeit- und Streitfragen. II. Jg., Heft 17–18 (1873), S. 1–80.

Gustav Ritter von *Overbeck,* Special-Catalog der chinesischen Ausstellung III. Abteilung. Boden-, Industrie- & Kunst-Produkte. (Wien 1873)

Friedrich *Pecht,* Kunst und Kunstindustrie auf der Wiener Weltausstellung 1873. (Stuttgart 1873)

Portugal. Catalogue des Produits industriels et agricoles. (Bruxelles 1873)

Relazioni dei Giurate italiani sulla Exposizione universale di Vienna del 1873. 3 Bde. (Milano 1873–1874)

Rollinger's Führer und Notizbuch für die Weltausstellung 1873. (Wien 1873)

Josef *Schaller,* Die humanitären Institutionen für Erwachsene, mit besonderer Bezugnahme auf den Arbeiterstand auf der Weltausstellung 1873 in Wien. (Wien 1876)

Carl Julius *Schröer,* Ein Haus und seine Bewohner aus Geidel (Gajdel) in der Neitraer Gespanschaft Ungarns, einem der sogenannten deutschen Häudörfer des ungarischen Berglandes. (Preßburg 1873)

Erasmus *Schwab,* Die österreichische Musterschule für Landgemeinden auf dem Weltausstellungsplatze. (Wien ²1873)

W. *Schwabe,* Die Ingenieursection der Weltausstellung und ihre Aufgaben, in: Separatdruck der Zeitschrift des österreichischen Ingenieur- und Architekten-Vereins, 16. Jg. (1874), S. 1—29.

Eduard *Seis,* Führer durch die Weltausstellung 1873. Praktisches Handbuch für Reisende und Einheimische. (Wien 1873)

Souvenir-Album der Wiener Weltausstellung 1873, ed. Adolf Dillinger und August von Conraths. (Wien 1873)

Special-Catalog der Ausstellung des Persischen Reiches. (Wien 1873)

Special-Catalog der im Pavillon der österreichischen Handelsmarine und maritimen Etablissements sowie im Gebäude der österreichischen Seeleuchte ausgestellten Gegenstände. ed. k.k. Seebehörde. (Wien 1873)

Special-Katalog der Aussteller und der Ausstellungsgegenstände Griechenlands. (Wien 1873)

Norwegischer *Special-Katalog* der Weltausstellung 1873 in Wien. (Christiana 1873)

F. *Ullmayer,* Wiener Volksleben. Ein humoristisches Baedecker bei der Weltausstellung. (Wien 1873)

Ungarn auf der Wiener Weltausstellung. Special-Catalog der ausgestellten Gegenstände der Urproduction, Gewerbe, Wissenschaft und Kunst.

Weltausstellung in Wien. Amtliches *Verzeichnis* der Aussteller, welchen von der internationalen Jury Ehrenpreise zuerkannt worden sind. (Wien ²1873)

Franz *Weller,* Weltausstellungs-Album. Erinnerung an Wien 1873. (Wien 1873)

W.A.C. = *Weltausstellungscorrespondenz.* 2 Bde. (Wien 1872—1873)

Josef *Went,* Humoristischer Weltausstellungskalender für 1873. (Wien 1873)

Die *Wienerberger* Ziegelfabriks- und Baugesellschaft zur Zeit der Wiener Weltausstellung 1873. (Wien 1873)

Johann *Wist,* Das Arbeitwohnhaus auf der Wiener Weltausstellung, in: Zeitschrift des österreichischen Ingenieur- und Architekten-Vereins, 26. Jg. (1874), S. 186—194.

b. Memoiren, Erinnerungen und Tagebücher:

Wilhelm *Exner,* Erlebnisse. (Wien 1929)

Philipp *Fahrbach,* Alt-Wiener Erinnerungen, ed. Max Singer. (Wien 1935)

Jacob von *Falke,* Lebenserinnerungen. (Leipzig 1892)

Cajetan *Felder,* Erinnerungen eines Wiener Bürgermeisters, ed. Felix Czeike. (Wien/Hannover/Bern 1964)

Ferdinand *Kürnberger,* Briefe an eine Freundin (1859—1879), ed. Otto Erich Deutsch (= Schriften des Literarischen Vereins in Wien Bd. VIII Wien 1907).

Ein Harem in Bismarcks Reich. Das ergötzliche Reisetagebuch des *Nassreddin* Schah, ed. Hans Leicht. (Tübingen/Basel 1969)

J.-M. *P.,* De Genève à Constantinopel et Vienne. (Genève 1873)

Friedrich *Pecht,* Aus meiner Zeit. Lebenserinnerungen. 2 Bde. (München 1894)

Ernst Freiherr von *Plener,* Erinnerungen. 2 Bde. (Stuttgart/Leipzig 1911 und 1921)

Ludwig Ritter von *Przibram,* Erinnerungen eines alten Österreichers. 2 Bde. (Stuttgart/Leipzig 1910—1912)

Julius *Rodenberg,* Wiener Sommertage. (Leipzig 1875)

Albert Eberhard Friedrich *Schäffle,* Aus meinem Leben. 2 Bde. (Berlin 1905)

Edmund *Steinacker,* Eine Selbstbiographie. (Kronstadt 1910)

c. Sonstige gedruckte Quellen:

Administrationsberichte der Bürgermeister. 1861—1876. (Ab 1870 als „Die Gemeindeverwaltung der Reichshaupt- und Residenzstadt Wien".)

Das *Athenäum.* Ein Gewerbe-Museum und Fortbildungsinstitut in Wien. Gestiftet von Wilhelm Freiherr von Schwarz-Senborn. 1. u. 2. Mittheilung. (Wien 1873/74)

Bericht über die Weltausstellung zu Paris im Jahre 1867, ed. durch das k.k. österreichische Centralcomité. 7 Bde. (Wien 1869)

Amtlicher *Bericht* über die Geschäftstätigkeit des k.k. Handels-Ministeriums während des Jahres 1874 (= Nachrichten über Industrie, Handel und Verkehr aus dem Statistischen Departement im k.k. Handels-Ministerium VI. Bd., II. Heft. Wien 1875).

Amtlicher Bericht über die Industrieausstellung aller Völker zu London im Jahr 1851, ed. Berichterstattungscommission der Deutschen Zollvereinsregierungen. 3 Bde. (Berlin 1852—1853)

Österreichischer *Bericht* über die internationale Ausstellung in London 1862, ed. Joseph Arenstein. (Wien 1863)

Ant. *Degn,* Ant. Orleth, Statistische Notizblätter über die europäischen Staaten der Gegenwart. (Wien ³1873)

GRSPR = *Gemeinderats*-Sitzungsprotokolle. 1860—1874.

Hof- und Staatshandbuch der Österreichisch-Ungarischen Monarchie für 1874, 1. Jg. (Wien 1874)

Jahresbericht des Wiener Stadtphysikates über eine Amtstätigkeit im Jahr 1872 und 1873. 2 Bde. (Wien 1873—1874)

V. F. *Klun,* Statistik von Österreich-Ungarn. (Wien 1876)
Wiener *Kommunalkalender* und städtisches Jahrbuch für 1872, 1873 und 1874.

Mitteilungen über die Industrie-Ausstellung aller Völker zu London im Jahre 1851. Aus dem Bericht der von der österreichischen Regierung delegierten Sachverständigen. 3 Bde. (Wien 1853)

Bernhard Wilhelm *Ohligs,* Gegen die Wiener Weltausstellung im Jahr 1866. Ein motivierter Antrag an die niederösterreichische Handels- und Gewerbekammer. (Wien 1863)
Felix *Olegnik,* Historisch-statistische Übersichten von Wien. Teil I—III (= Mitteilungen aus Statistik und Verwaltung der Stadt Wien, Jg. 1956—1958, Sonderheft Nr. 1).

Stenographische *Protokolle* des Abgeordnetenhauses. 1871—1879.
Stenographische *Protokolle* des Herrenhauses. 1870—1873.

RGBl = *Reichsgesetzblätter* für die im Reichsrathe vertretenen Königreiche und Länder. 1865—1874.

d. Zeitungen und Zeitschriften:

Allgemeine illustrierte Weltausstellungs-Zeitung. 1872—1873. (Von 1874—1875 als Allgemeine illustrierte Industrie- und Kunstzeitung.)

Humoristische *Blätter* von Karl Klič. 1873.
Blätter für Kunstgewerbe. 1873—1874.
Die *Bombe.* 1873.

Deutsche Bauzeitung. 1871—1873.
Deutsche Zeitung. 1873.

Exposition Universelle de Vienne. Journal illustrée. Organ officiel de la commission royale de Hongrie (Autriche). 1873.

Figaro. Humoristisches Wochenblatt. 1873.
Der *Floh.* 1873.
Finanzielle *Fragmente* von August Zang. 1873.

Die *Gartenlaube.* 1873—1874.
Gleichheit. 1888.

Illustriertes Wiener Extrablatt. 1872—1873.

Industriehalle. Organ für Handel, Industrie, Gewerbe und für die Wiener Weltausstellung. 1873.

Internationale Ausstellungszeitung. Beilage zur Neuen Freien Presse. 1873.

Kikeriki. Humoristisches Volksblatt. 1873.

Konstitutionelle Vorstadtzeitung. 1873.

Wiener *Kunsthalle.* Wochenschrift für Kunst und Industrie und Organ für die in der Wiener Weltausstellung 1873 zur Exposition gelangenden Kunst-Gegenstände. 1871—1873.

Über *Land* und Meer. 1872—1874.

Wiener *Lloyd.* 1873.

Mitteilungen des k.k. österreichischen Museums für Kunst und Industrie. 1873—1874.

Neue illustrierte Zeitung. 1873—1874.

Neues Wiener Tagblatt. 1873.

Oesterreichischer Oekonomist. 1872—1873.

Die *Presse.* 1873.

Neue Freie *Presse.* 1873.

Der *Reporter.* Zeitung für Finanzwesen und Volkswirthschaft und Organ für die Wiener Weltausstellung. 1871—1873.

Der *Urwähler.* Organ der Gemeinden von Niederösterreich. 1873.

Vaterland. 1873.

Wiener *Weltausstellungszeitung.* Centralorgan für die Weltausstellung im Jahre 1873, sowie alle Interessen des Handels und der Industrie. 1871—1876.

Wiener *Zeitung.* 1873.

Wochenschrift des Niederösterreichischen Gewerbe-Vereines. Organ für Gewerbe, Technik, Kunst, Handel und Volkswirthschaft. 1871—1874. (vor 1871: *Verhandlungen* und Mittheilungen des Niederösterreichischen Gewerbe-Vereines. Eine gewerbliche und volkswirthschaftliche Zeitung. 1852—1871.)

Zeitschrift des österreichischen Ingenieur- und Architekten-Vereins. 1867—1874.

Illustrierte *Zeitung.* Leipzig. 1873—1874.

II. Literatur

John *Allwood,* The Great Exhibitions. (London 1977)

Die neue *Augartenbrücke* über den Donaukanal in Wien. (o. O. o. J.)

Karl Hans *Ballner,* 60 Jahre Trabrenn-Verein zu Baden bei Wien. (Wien 1951)

Franz *Baltzarek,* Alfred Hoffmann, Hannes Stekl, Wirtschaft und Gesellschaft der Wiener Stadterweiterung (= Die Wiener Ringstraße. Bild einer Epoche, ed. Renate Wagner-Rieger, Bd. V, Wiesbaden 1975).

Renate *Banik-Schweitzer,* Liberale Kommunalpolitik in Bereichen der technischen Infrastruktur Wien, in: Wien in der liberalen Ära (= Forschungen und Beiträge zur Wiener Stadtgeschichte 1, Wien 1978), S. 91–119.

Robert *Baravalle,* Die Steiermark auf der Wiener Weltausstellung 1873, in: Blätter für Heimatkunde, ed. Historischer Verein für Steiermark, 48. Jg. (1974), S. 30–35.

Anton *Bauer,* 150 Jahre Theater an der Wien. (Zürich/Leipzig/Wien 1952)

Christian *Beutler,* Weltausstellungen im 19. Jahrhundert (= Die neue Sammlung, Staatliches Museum für angewandte Kunst, München 1973).

Alfred *Birk,* Die bauliche Entwicklung der Eisenbahnen in Österreich, in: Österreichisch-ungarische Revue. Monatsschrift für die gesamten Culturinteressen Österreich-Ungarns, ed. A. Mayer-Wyde, N.F. 26 (1900), S. 249–275.

Hans *Bobek,* Elisabeth Lichtenberger, Wien. Bauliche Gestalt und Entwicklung seit der Mitte des 19. Jahrhunderts. (Graz/Köln 1966)

Karl Erich *Born,* Von der Reichsgründung bis zum Ersten Weltkrieg (= Gebhardt, Handbuch der deutschen Geschichte, Bd. 16, München ^{9}1980).

L. Otto *Brandt,* Zur Geschichte und Würdigung der Weltausstellungen, in: Zeitschrift für Socialwissenschaft, ed. Julius Wolf, VII. Jg. (1904), S. 81–96.

Ernst *Bruckmüller* und Hannes *Stekl,* Zur Geschichte des Bürgertums in Österreich, in: Bürgertum im 19. Jahrhundert. Deutschland im europäischen Vergleich, ed. Jürgen Koska, Bd. 1, (München 1988), S. 160–192.

Bruno *Bucher,* Über ornamentale Kunst auf der Wiener Weltausstellung, in: Sammlung gemeinverständlicher wissenschaftlicher Vorträge, ed. Rudolf Virchow, Fr. v. Holtzendorff IX. Serie, Heft 203 (1874), S. 389–434.

Bernhard Michael *Buchmann,* Der Prater. Die Geschichte des unteren Werd (= Wiener Geschichtsbücher, ed. Peter Pötscher, Bd. 23, Wien/Hamburg 1979).

Felix *Czeike,* Liberale, christlich-soziale und sozialdemokratische Kommunalpolitik (1861–1934) dargestellt am Beispiel der Gemeinde Wien (= Österreich-Archiv Wien 1962).

Ders., Der Lebenslauf des Wiener Bürgermeisters Dr. Cajetan Felder, in: Wiener Geschichtsblätter 19 (1964), S. 321–330.

Ders., Wien und seine Bürgermeister. Sieben Jahrhunderte Wiener Stadtgeschichte. (Wien/München 1974)

Ders., Geschichte der Stadt Wien. (Wien/München/Zürich/New York 1981)

Döring, Handbuch der Messen und Ausstellungen, ed. Wilhelm Döring (= Monographien zur Weltwirtschaft, Bd. I, Darmstadt 1956).

Anton *Drasche,* Gesammelte Abhandlungen, ed. von seinen Schülern zu dessen vierzigjährigem Doktor-Jubiläum. (Wien 1893)

Alfons *Egger,* Die staatliche Kunstförderung in der zweiten Hälfte des 19. Jahrhunderts. (Phil. Diss., Wien 1951)

Klaus *Eggert,* Der Wohnbau der Wiener Ringstraße im Historismus 1815—1896 (= Die Wiener Ringstraße. Bild einer Epoche, ed. Renate Wagner-Rieger, Bd. IV, Wiesbaden 1972).

Rudolf *Eitelberger* von Edelberg, Die österreichische Kunst-Industrie und die heutige Weltlage. (Wien 1871)

Ders., Die Kunstbewegung in Österreich seit der Pariser Weltausstellung im Jahr 1867. (Wien 1878)

Julius *Engelmann,* Albert Schück, Julius Zöllner, Der Weltverkehr und seine Mittel. Rundschau über Schiffahrt und Welthandel, Industrieausstellungen und die Pariser Weltausstellung im Jahre 1878 (= Das neue Buch der Erfindungen, Gewerbe und Industrien. Rundschau auf allen Gebieten der gewerblichen Arbeit. 8. Bd. = 2. Erg.bd. Leipzig/Berlin ^{3}1880).

Franz *Englisch,* Die Rotundenbrücke und ihre Geschichte, in: Wiener Geschichtsblätter 25 (1970), S. 83—88.

Wilhelm Franz *Exner,* Die neuesten Fortschritte im Ausstellungswesen. (Weimar 1868)

Ders., Der Aussteller und die Ausstellungen. (Weimar ^{2}1873)

Ders., Beiträge zur Geschichte der Gewerbe und Erfindungen Österreichs von der Mitte des 18. Jahrhunderts bis zur Gegenwart. 2 Bde. (Wien 1873)

Ders., Das k.k. Technologische Gewerbe-Museum in Wien im ersten Vierteljahrhundert seines Bestandes. 1879—1904. Denkschrift (Wien 1904)

Ders., Das Technische Museum für Industrie und Gewerbe in Wien. (Wien 1908)

Peter *Feldbauer,* Gottfried Pirhofer, Wohnungsreform und Wohnungspolitik im liberalen Wien? in: Wien in der liberalen Ära (= Forschungen und Beiträge zur Wiener Stadtgeschichte 1, Wien 1978), S. 148—190.

Wolfgang *Feil,* Messen und Ausstellungen — Ihre Entwicklung, Organisation und volkswirtschaftliche Bedeutung. (Phil. Diss., Graz 1958)

Eugene S. *Ferguson,* Technical Museums and International Exhibitions, in: Technology and culture, Bd. VI, Nr. 1 (1965), S. 30—46.

Ders., Expositions of Technology, 1851—1900, in: Western Civilisation, ed. Melvin Kranzberg, Caroll W. Pursell, Jr., Bd. I. (1967), S. 706—726.

Festschrift. 125 Jahre österreichischer Gewerbeverein. 1839—1964. (Wien 1964)

Festschrift. Anläßlich des 100jährigen Bestehens der Wiener Tramway 1868—1968. (Wien 1968)

Rupert *Feuchtmüller,* Wilhelm Mrazek, Kunst in Österreich 1860—1918. (Wien/Hannover/Bern 1964)

Sigmund *Freud,* Briefe 1873—1939, ed. Ernst, Lucie Freud. (Frankfurt am Main ^{2}1960)

Herbert *Fux,* Japan auf der Weltausstellung in Wien 1873 (= Katalog des Österreichischen Museums für angewandte Kunst, N.F. 24, Wien 1973).

J. M. *Gally,* Das Ausstellungswesen und sein Wert. Erfahrungen, Erlebnisse und Reformvorschläge. (Wien 1902)

70 Jahre Technologisches *Gewerbemuseum.* 1879—1949. (Wien 1949)

Parviz *Goshtai,* Typische Krankheiten in Wien in den Jahren 1866—1910. (Phil. Diss., Wien 1979)

Franz Seraph *Griesmayr,* Das österreichische Handelsmuseum in Wien 1874—1918. Eine Darstellung zur Förderung von Österreichs Handel und handelspolitischem Einfluß zwischen 1874 und 1918. (Phil. Diss., Wien 1968)

Das große *Groner* Wien Lexikon, ed. Felix Czeike. (Wien/München/Zürich 1974)

Utz *Haltern,* Die Londoner Weltausstellung 1851. Ein Beitrag zur Geschichte der bürgerlich-industriellen Gesellschaft im 19. Jahrhundert. (Münster 1971)

Ders., Die „Welt als Schaustellung". Zur Funktion und Bedeutung der internationalen Industrieausstellung im 19. und 20. Jahrhundert, in: Vierteljahresschrift für Sozial- und Wirtschaftsgeschichte, ed. Otto Brunner, Hermann Kellenbenz, Hans Pohl, Wolfgang Zorn 60 (1973), S. 1—40.

Brigitte *Hamann,* Elisabeth, Kaiserin wider Willen. (Wien/München 1982)

Das k.k. österreichische *Handels-Museum.* 1875—1900, ed. Curatorium. (Wien 1900)

Peter *Hauser,* Die Wiener Weltausstellung 1873, in: Mitteilungen der österreichischen numismatischen Gesellschaft Bd. XXII, Nr. 2 (1981), S. 27—32 und Bd. XXII, Nr. 3 (1981), S. 44—47.

Fred *Hennings,* Die Ringstraße. Symbol einer Epoche. (Wien 1977)

M. *Hinträger,* Die Rotunde im k.k. Prater in Wien. (Wien 1897)

Julius *Hirsch,* Zum ewigen Gedächtnis! Ein Beitrag zur Lösung der Gasfrage in Wien. (Wien 1874)

Klaus *Höglinger,* Das österreichische Plakat. 1873—1914 (Phil. Diss., Wien 1980)

Werner *Hoffmann,* Das irdische Paradies. Kunst im neunzehnten Jahrhundert. (München 1960)

F. C. *Huber,* Die Ausstellungen und unsere Exportindustrie. (Stuttgart 1886)

Hundert Jahre Wertheim. 1852—1952. Eine Festschrift. (Wien 1952)

Die *Industrieausstellungen.* Ihre Geschichte und ihr Einfluß auf die Culturentwicklung, in: Die Gegenwart Bd. XII (Leipzig 1856), S. 470—534.

Der österreichische *Ingenieur- und Architektenverein.* 1848—1898. Festschrift, ed. Verein zur Feier seines fünfzigjährigen Bestandes. (Wien 1898)

Michael *John,* Wohnverhältnisse großstädtischer Unterschichten im franzisco-josephinischen Wien. Unter besonderer Berücksichtigung der Wohnerfahrung. (Phil. Diss., Wien 1980)

Karl *Kadletz,* Reformwünsche und Reformwirklichkeit. Modernisierungsversuche Persiens mit österreichischer Hilfe durch Nāser od-Dìn Sah., in: Europäisierung der Erde? Studien zur Einwirkung Europas auf die außereuropäische Welt, ed. Grete Klingenstein, Heinrich Lutz, Gerald Stourzh (= Wiener Beiträge zur Geschichte der Neuzeit, Bd. 7, Wien 1980), S. 147—173.

Helmut *Karigl,* Die Kulturpolitik der Stadt Wien in der franzisko-josephinischen Zeit (1848–1916). (Phil. Diss., Wien 1981)

Alois *Kieslinger,* Die Steine der Wiener Ringstraße. Ihre technische und künstlerische Bedeutung (= Die Wiener Ringstraße. Bild einer Epoche, ed. Renate Wagner-Rieger, Bd. IV, Wiesbaden 1972).

Christine *Klusacek,* Kurt Stimmer, Leopoldstadt. Eine Insel mitten in der Stadt. (Wien 1978)

Georg Friedrich *Koch,* Die Kunstausstellung. Ihre Geschichte von den Anfängen bis zum Ausgang des 18. Jahrhunderts. (Berlin 1967)

Jürgen *Kocka,* Die problematische Einheit des Bürgertums im 19. Jahrhundert, in: Beiträge zur historischen Sozialkunde 3/88, S. 75–80.

Ignaz *Kohn,* Eisenbahn-Jahrbuch der österreichisch-ungarischen Monarchie. 6.–8. Jg. (Wien 1873–1875)

Gustav *Kolmer,* Parlament und Verfassung in Österreich. 2. Bd.: 1869–79. (Wien/Leipzig 1903)

Kortz, Wien am Anfang des XX. Jahrhunderts. Ein Führer in technischer und künstlerischer Richtung, ed. österreichischer Ingenieur- und Architektenverein, redigiert von Paul Kortz. 2 Bde. (Wien 1905–1906)

Josef *Krawina,* „Weltausstellung im 19. Jahrhundert". Eine Retrospektive über die ersten zehn Weltausstellungen in der „Neuen Sammlung" des staatlichen Museums für angewandte Kunst in München, in: Der Aufbau, Jg. 28, Heft 8 (1973), S. 261f.

Krobot. Slezak. Sternhart, Straßenbahn in Wien. Vorgestern und übermorgen. (Wien 1972)

Evelyn *Kroker,* Publikationen über die Weltausstellungen aus dem 19. Jahrhundert als Quelle für die Wirtschafts- und Technikgeschichte, in: Technikgeschichte in Einzeldarstellungen, ed. Eberhard Schmanderer, 17 (1969), S. 131–147.

Dies., Die Weltausstellungen im 19. Jahrhundert. Industrieller Leistungsnachweis, Konkurrenzverhalten und Kommunikationsfunktion unter Berücksichtigung der Montanindustrie des Ruhrgebietes zwischen 1851 und 1880 (= Studien zur Naturwissenschaft, Technik, Wirtschaft im Neunzehnten Jahrhundert, ed. Wilhelm Teue, Bd. 4, Forschungsunternehmen „Neunzehntes Jahrhundert" der Fritz Thyssen-Stiftung, Göttingen 1975).

Georg *Lehnert,* Illustrierte Geschichte des Kunstgewerbes. 2 Bde. (Berlin o. J.)

Erna *Lesky,* Die Wiener Medizinische Schule im 19. Jahrhundert (= Studien zur Geschichte der Universität Wien, Bd. VI, Graz/Köln 1965).

Julius *Lessing,* Das halbe Jahrhundert der Weltausstellungen. (Berlin 1900)

Elisabeth *Lichtenberger,* Wirtschaftsfunktion und Sozialstruktur der Wiener Ringstraße (= Die Wiener Ringstraße. Bild einer Epoche, ed. Renate Wagner-Rieger, Bd. VI, Wien/Köln/Graz 1970).

Moritz *Linder,* Die Asche der Millionen. Vor, während und nach der Krise vom Jahre 1873. (Wien 1883)

Constantin *Lipsius,* Gottfried Semper in seiner Bedeutung als Architekt. (Berlin 1880)

Reinhold *Lorenz,* Die Wiener Ringstraße. Ihre politische Geschichte. (Wien 1943)

Ders., Japan und Mitteleuropa. Von Solferino bis zur Wiener Weltausstellung (1859–73). (Brünn/München/Wien 1944)

Kenneth W. *Luckhurst*, The story of exhibitions. (London/New York 1951)

Heinrich *Lutz*, Von Königgrätz zum Zweibund. Aspekte europäischer Entscheidungen, in: Historische Zeitschrift 217 (1973), S. 347—380.

Helga *Maier*, Börsenkrach und Weltausstellung in Wien. Ein Beitrag zur Geschichte der bürgerlich-liberalen Gesellschaft um das Jahr 1873. (Phil. Diss., Graz 1973)

Gerhard *Marauschek*, Zur Entstehungsgeschichte des Grazer Stadtparkbrunnen, in: Historisches Jahrbuch der Stadt Graz, Bd. 16/17 (1986), S. 175—191.

F. F. *Masaidek*, Wien und die Wiener aus der Spottvogelperspektive. Wiens Sehens-, Merk- und Nichtswürdigkeiten. (Wien 1873)

Herbert *Matis*, Österreichs Wirtschaft 1848—1913. Konjunkturelle Dynamik und gesellschaftlicher Wandel im Zeitalter Franz Josephs I. (Berlin 1972)

Conrad *Matschoss*, Geschichte der Dampfmaschine. Ihre kulturelle Bedeutung, technische Entwicklung und ihre großen Männer. (Berlin 1901)

Eduard *März*, Österreichische Industrie- und Bankpolitik in der Zeit Franz Josephs I. Am Beispiel der k.k.priv. österreichischen Credit-Anstalt für Handel und Gewerbe. (Wien/Frankfurt/Zürich 1968)

Josef *Mentschl*, Gustav Otruba, Österreichische Industrielle und Bankiers (= Österreich-Reihe Bd. 279/281 Wien 1965).

Ders., Das österreichische Unternehmertum, in: Die wirtschaftliche Entwicklung, ed. Alois Brusatti (= Die Habsburgermonarchie 1848—1918, ed. Adam Wandruszka, Peter Urbanitsch Bd. 1, Wien 1973), S. 250—277.

Franz *Migerka*, Über die Bedeutung der Industrie-Ausstellungen. (Wien 1857)

Wilhelm *Mrazek*, 100 Jahre Österreichisches Museum für angewandte Kunst. Kunstgewerbe des Historismus 1864—1897, in: Alte und moderne Kunst, 10. Jg., Heft 79 (1965), S. 2f.

Ders., Die österreichische Glasindustrie auf den Weltausstellungen 1862—1893, in: Ebd., S. 4—11.

Barbara *Mundt*, Historismus. Kunsthandwerk und Industrie im Zeitalter der Weltausstellungen (= Katalog des Kunstgewerbemuseums Berlin Bd. VII, Berlin 1973).

Museen und Sammlungen in Österreich. (Wien und München 1968)

Peter *Müller*, 110 Jahre österreichischer Gewerbeverein. (Wien 1949)

Friedrich *Naumann*, Die Kunst im Zeitalter der Maschine, in: Der Kunstwart 17. Jg., Teil 2, Heft 20 (1904), S. 317—327.

Ders., Ausstellungsbriefe. (Berlin 1909)

Joseph *Neuwirth*, Die Spekulationskrisis von 1873 (= ders., Bank und Valuta in Österreich-Ungarn 2. Bd., Leipzig 1874).

Waltraud *Neuwirth*, Orientalisierende Gläser J. & L. Lobmeyr (= Neuwirth, Handbuch. Kunstgewerbe des Historismus, Bd. 1, Wien 1981).

Alfred *Niel*, Wiener Eisenbahn-Vergnügen (Wien/München 1982)

Alexander *Novotny*, Außenminister Gyula Graf Andrássy der Ältere (1823—1890), in: Gestalter der Geschicke Österreichs, ed. Hugo Hantsch, 2. Bd., (Innsbruck/Wien/München 1962), S. 457—471.

Hermann *Oberhummer,* Die Wiener Polizei. 200 Jahre Sicherheit in Österreich. 2 Bde. (Wien 1937)

Peter *Pantzer,* Japan und Österreich-Ungarn. Die diplomatischen, wirtschaftlichen und kulturellen Beziehungen von ihrer Aufnahme (1869) bis zum Ausbruch des Ersten Weltkriegs. (Phil. Diss., Wien 1968)
Ders., Japans Weg nach Wien-Auftakt und Folgen, in: Fux, Japan, S. 11–17.

Alphons *Paquet,* Das Ausstellungsproblem in der Volkswirthschaft (= Abhandlungen des staatswissenschaftlichen Seminars zu Jena, ed. J. Pierstorff, 5. Bd., 2. Heft, Jena 1908).

Ludwig von *Pastor,* Leben des Freiherrn Max von Gagern 1810–1889. Ein Beitrag zur politischen und kirchlichen Geschichte des neunzehnten Jahrhunderts. (Kempten und München 1912)

Hans *Pemmer,* Zur Geschichte des Praters, in: Monatsblatt des Vereines für Geschichte der Stadt Wien 14 (1932), S. 184–192 und 195–206.
Ders., Die Wiener Weltausstellung 1873 in der Karikatur, in: Unsere Heimat. Monatsblatt des Vereines für Landeskunde und Heimatschutz von Niederösterreich und Wien. N.F. 6 (1933), S. 313–317.
Ders., Nini Lackner, Günther Düriegl, Ludwig Sackmauer, Der Prater. Von den Anfängen bis zur Gegenwart (= Wiener Heimatkunde München 1974).

Jutta *Pemsel,* Die Wiener Weltausstellung von 1873 und ihre Bedeutung für die Entfaltung des Wiener Kulturlebens in der franzisko-josephinischen Epoche. Eine historische Studie. 2 Bde. (Phil. Diss., Wien 1983)
Dies., Die „Dampfomnibusse" auf dem Donaukanal zur Zeit der Wiener Weltausstellung, in: Marine – Gestern, Heute 9. Jg., 3. Heft (1982), S. 81–83.

Josef *Pizzala,* Die Bautätigkeit in und um Wien in den Jahren 1843–1881 (= Separatabdruck aus der „Statistischen Monatsschrift" 8, Wien 1882).

Werner *Plum,* Weltausstellungen im 19. Jahrhundert: Schauspiele des soziokulturellen Wandels (= Soziale und kulturelle Aspekte der Industrialisierung. Hefte aus dem Forschungsinstitut der Friedrich-Ebert-Stiftung. Bonn/Godesberg 1975).

Wilfried *Posch,* Weltausstellung 1873 – Was hat sie Wien städtebaulich gebracht?, in: Vision. Brücken in die Zukunft. Weltausstellung Wien – Budapest 1995, ed. Erhard Busek. (Wien 1989), S. 35–55.

Eva *Pöschl,* Der Ausstellungsraum der Genossenschaft bildender Künstler Wiens 1873–1913. Ein Beitrag zur Erforschung der Innenraumgestaltung in Kunstausstellungen vom Historismus zur Moderne. (Phil. Diss., Graz 1974)

Ernst *Rebske,* Lampen, Laternen, Leuchten. Eine Historie der Beleuchtung. (Stuttgart 1962)

Carl Thomas *Richter,* Betrachtungen über die Weltausstellung im Jahre 1867. (Wien ²1868)

Walter *Rogge,* Österreich von Világos bis zur Gegenwart. 3 Bde. (Leipzig/Berlin 1872/73)
Ders., Österreich seit der Wahlreform von 1873, I., in: Unsere Zeit, N.F. 11/1 (1875), S. 648–679.
Ders., Österreich seit der Wahlreform von 1873, II., in: Unsere Zeit, N.F. 11/2 (1875), S. 101–132.
Ders., Österreich seit der Katastrophe Hohenwart-Beust, 2 Bde. (Leipzig/Wien 1879)

Anneliese *Rohrer,* Die Wiener Effektenbörse und ihre Besucher in den Jahren 1867 bis 1875. (Phil. Diss., Wien 1971)

Hans *Rosenberg,* Große Depression und Bismarckzeit. Wirtschaftsablauf, Gesellschaft und Politik in Mitteleuropa (= Veröffentlichungen der historischen Kommission zu Berlin Bd. 24 = Publikationen zur Geschichte der Industrialisierung Bd. 2, Berlin 1907).

Roman *Sandgruber,* Die Anfänge der Konsumgesellschaft. Konsumgüterverbrauch, Lebensstandard und Alltagskultur in Österreich im 18. und 19. Jahrhundert (=Sozial- und wirtschaftshistorische Studien, ed. Alfred Hoffmann, Herbert Knittler und Michael Mitterauer, Bd. 15, Wien 1982).

Leopold *Schmidt,* Das österreichische Museum für Volkskunde. Werden und Wesen eines Wiener Museums (= Österreich-Reihe Bd. 98/100 Wien 1960).
Ders., Volkskunde von Niederösterreich, 1. Bd. (Horn 1966)

Robert *Schmidt,* 100 Jahre österreichische Glaskunst. Lobmeyr 1823—1923. (Wien 1925)

Rudolf *Schmidt,* Das Wiener Künstlerhaus. Eine Chronik 1861—1951. (Wien 1951)

Willi *Schmidt,* Die frühen Weltausstellungen und ihre Bedeutung für die Entwicklung der Technik, in: Technikgeschichte, ed. Verein deutscher Ingenieure 34 (1967), S. 164—178.

F. *Schmitt,* Über die Wiener Weltausstellung, in: Österreichische Revue, 1. Jg., 5. Bd. (1863), S. 142—158. und Ebd., 2. Jg., 5. Bd. (1864), S. 125—130.
Ders., Österreich auf den bisherigen Weltausstellungen I. London 1851, in: Österreichische Revue 1. Jg., 2. Bd. (1863), S. 193—208.
Ders., Österreich auf den bisherigen Weltausstellungen II. Paris 1855, in: Ebd., 1. Jg., 3. Bd. (1863), S. 153—174.
Ders., Österreich auf den bisherigen Weltausstellungen III. London 1862, in: Ebd., 1. Jg., 4. Bd. (1863), S. 123—150.

Josef *Schrank,* Die Prostitution in Wien in historischer, administrativer und hygienischer Beziehung. 2 Bde. (Wien 1886)

K. *Schumann,* Neuester Wiener Fremdenführer. Praktischer und unentbehrlicher Ratgeber für Reisende, welche Wien und die Weltausstellung besuchen und dabei Zeit und Geld sparen wollen. (Wien 1873)

Wolfgang *Schütte,* Die Idee der Weltausstellung und ihre bauliche Gestaltung. Eine Gebäudekundliche Studie als Material zu einer Baugeschichte des 19. Jahrhunderts. (Phil. Diss., Hannover 1945)

Maren *Seliger,* Liberale Fraktion im Wiener Gemeinderat 1861—95, in: Wien in der liberalen Ära (= Forschungen und Beiträge zur Wiener Stadtgeschichte 1, Wien 1978), S. 62—90.

Gottfried *Semper,* Wissenschaft, Industrie und Kunst. Vorschläge zur Anregung nationalen Kunstgefühles. (Braunschweig 1852)

Wolfgang *Sengelin,* Wiener Verkehrsplanungen in der franzisco-josephinischen Ära. (Phil. Diss., Wien 1980)

Woldemar *Seyffarth,* Die Universal-Ausstellung in Paris Mai bis Oktober 1855. (Gotha 1855)

August *Silberstein,* Die Kaiserstadt am Donaustrand. Wien und die Wiener in Tag und Nachtbildern. (Wien 1873)

Bernhard *Singer,* Unsere Orient-Interessen. Eine Studie. (Wien 1878)

Johann *Slokar,* Geschichte der österreichischen Industrie und ihrer Förderung unter Kaiser Franz I. (Wien 1914)

Daniel *Spitzer,* Wiener Spaziergänge. Zweite und Dritte Sammlung. (Leipzig und Wien 1879 und 1881)

Elisabeth *Springer,* Geschichte und Kulturleben der Wiener Ringstraße (= Die Wiener Ringstraße. Bild einer Epoche, ed. Renate Wagner-Rieger, Bd. II, Wiesbaden 1979).

Fritz *Steiner,* Der große Krach vom Jahre 1873, in: Österreichische Rundschau 35 (1913), S. 341—347.

Gustav *Strakosch-Graßmann,* Geschichte des österreichischen Unterrichtswesens. (Wien 1905)

Johann *Strauß* (Sohn), Die Fledermaus (= Gesamtausgabe. Serie II/Bd. 3, Wien 1974).

Franz *Strehlik,* Wien, Führer durch die Kaiserstadt und auf den besuchtesten Routen durch Österreich-Ungarn unter besonderer Berücksichtigung der Weltausstellung. (Wien 1873)

Studien über die Beteiligung Deutsch-Österreichs an der Weltausstellung in Paris 1867. (Wien 1868)

Tagebuch der Straße. Geschichte in Plakaten, ed. Wiener Stadt- und Landesbibliothek. (Wien 1981)

Alt-Wiener *Tanz*musik in Originalausgaben, ed. Franz Pantzer (199. Wechselausstellung der Wiener Stadt- und Landesbibliothek, Wien 1983).

Orasa *Thaiyanan,* Die Beziehungen zwischen Thailand (Siam) und Österreich-Ungarn (1869—1917/19), gedruckte Phil. Diss., Wien 1987 (=Dissertationen der Universität Wien, 1984).

Das Haus *Thonet,* ed. Gebrüder Thonet A. G. (Frankenberg/Eder 1969)

Ehrentrude *Thurner,* Untersuchungen zur Struktur und Funktion der österreichischen Gesellschaft um 1878. (Phil. Diss., Graz 1964)

Rudolf *Till,* Geschichte der Wiener Stadtverwaltungen in den letzten zweihundert Jahren. (Wien 1957)

Rudolf *Tillmann,* Festschrift zur Hundertjahrfeier des Wiener Stadtbauamtes. (Wien 1935)

Wilhelm *Treue,* Gesellschaft, Wirtschaft und Technik Deutschlands im 19. Jahrhundert (= Gebhardt. Handbuch der deutschen Geschichte, ed. Herbert Grundmann, Bd. 17, München ^{9}1980).

Gisela *Urban,* Die Entwicklung der österreichischen Frauenbewegung im Spiegel der wichtigsten Vereinsgründungen, in: Frauenbewegung, Frauenbildung und Frauenarbeit in Österreich, ed. Bund österreichischer Frauenvereine (Wien 1930), S. 25—64.

Emil *Veith,* Die Krise von 1873 und die Wiener Presse. (Phil. Diss., Wien 1931)

125 Jahre *Waagner-Biró.* 1854—1979. Der Weg eines österreichischen Unternehmens. (Wien 1979)

Heinrich *Waentig,* Wirtschaft und Kunst. Eine Untersuchung über Geschichte und Theorie der modernen Kunstgewerbebewegung. (Jena 1909)

Ders., Kunstgewerbe, in: Handwörterbuch der Staatswissenschaften. 6. Bd. (Jena ⁴1925), S. 103—113.

Renate *Wagner-Rieger,* Wiens Architektur im 19. Jahrhundert. (Wien 1970)

Benno *Weber* [Pseud. Gustav v. Pacher], Einige Ursachen der Wiener Krisis vom Jahre 1873. (Leipzig 1874)

Ulrike *Weber-Felber,* Manifeste des Fortschritts — Feste der Klassen? Assoziationen zum Thema Weltausstellung, in: Beiträge zur historischen Sozialkunde 4/87, S. 107—112.

Max *Weigert,* Weltausstellungen, in: Gewerbliche Einzelvorträge, ed. von den Ältesten der Kaufmannschaft von Berlin, 5. Reihe (Berlin 1911), S. 31—55.

Arnold *Wellmer,* Neuester Fremdenführer in Wien mit Umgebung und zur Weltausstellung 1873. (Wien/Teschen 1873)

Wien 1850—1900. Welt der Ringstraße (= Historisches Museum der Stadt Wien. 31. Sonderausstellung Mai—Oktober 1973. Wien 1973).

Johann *Winckler,* Die periodische Presse Oesterreichs. Eine historische Studie. (Wien 1875)

E. *Winkler,* Technischer Führer durch Wien. 2 Teile. (Wien 1873)

J. *Wimmer,* Der Prater. Führer für Fremde und Einheimische. (Wien 1873)

Constant v. *Wurzbach,* Biographisches Lexikon des Kaiserthums Oesterreich, (Wien 1856—91), 32. Bd. (1876)

Karl *Ziak,* Wien vor 100 Jahren oder Rausch und Katzenjammer. (Wien 1973)

Erich *Zöllner,* Geschichte Österreichs. Von den Anfängen bis zur Gegenwart. (Wien ⁶1979)

III. Abbildungsnachweis

Österr. Nationalbibliothek, Bildarchiv: Abb. 1, 2, 3, 4, 6, 7, 8, 9, 10, 11, 16, 17, 18, 22, 25, 30, 31, 32, 33, 35, 36, 37, 41, 43, 45, 46, 47, 48, 49, „Rotunde und Ausstellungsgelände der Weltausstellung 1873" von Franz Alt (Umschlagbild).

Österr. Nationalbibliothek, Lesesaal: Abb. 34, 38, 42, 44, 52.

Historisches Museum der Stadt Wien: Abb. 5, 12, 13, 14, 19, 23, 24, 26, 27, 28, 29, 39, 40, Plan des Weltausstellungsgeländes mit Legende (Vor- und Nachsatz).

Universitätsbibliothek: Abb. 15.

Prof. Bruckmüller: Abb. 20, 21, 50, 51.

IV. Namen- und Firmenregister

'Abd ül-Asís, türkischer Sultan 82
Adler, Viktor 59, 70
Albert Edward, Kronprinz v. Wales 84
Albert, Prinz von Sachsen-Coburg 9, 12f.
Alexander II., Zar von Rußland 38, 43 f., 48, 81
L'Allemand, Sigmund 68
Alt, Franz v. 68
Alt, Rudolf v. 68
Andrássy, Graf Julius v. 81 f.
Angeli, Heinrich v. 63, 68
Arenstein, Joseph 45, 93
August, Coburg v. Gotha 57
Augusta, deutsche Kaiserin 43

Banhans, Anton Freiherr v. 21, 89
Barb, Heinrich Ritter v. 90
Bayer, Josef 60
Beethoven, Ludwig van 85
Bellegarde, Heinrich Graf 78
Beust, Ferdinand Freiherr v. 23
Billroth, Theodor 62
Biró, Anton (Firma) 38
Bismarck, Otto Fürst v. 81
Böhm & Wiehl (Firma) 60
Bösendorfer, Ignaz (Firma) 38
Brentano, Franz 84
Brocard (Firma) 66
Bruckner, Anton 85
Brücke, Ernst Wilhelm Ritter v. 66
Brugsch (Brugsch-Pascha), Heinrich 48
Bühlmayer, Konrad (Firma) 38
Burg, Adam Freiherr v. 93

Calice, Heinrich Freiherr v. 46, 90, Anm. 192
Canon, Hans 68
Carol I., Fürst v. Rumänien 82
Cikanek, Karl 92
Claus, Heinrich 32
Cole, Henry 23, 47
Cook, John 31

Deloye, Gustave 40, Anm. 165

Dessoff, Felix Otto 85
Donath, Julius 40
Drasche, Heinrich Ritter v. 59, 62, 70
Dreher, Anton 58, 63
Dreyhausen, Gustav v. 27
Durénne, Antoine 36

Egger, Ferdinand Graf 58
Eitelberger, Jeanette 74
Eitelberger, Rudolf v. 16, 45, 53, 65f., 72, 74, 89, 91
Elisabeth, Kaiserin v. Österreich 43f., 68
Enderes, Aglaia v. 74
Engerth, Eduard 66
Engerth, Wilhelm v. 36, 62f., 89
Epstein, Emilie v. 74
Epstein, Gustav v. 16
Exner, Wilhelm Franz v. 64, 72, 89, 92

Fahrbach, Anton d. Ältere 60
Fahrbach, Philipp d. Jüngere 60
Falke, Jacob v. 64, 66, 74, 92f.
Felder, Kajetan 25, 30, 33, 63, 77, 85ff., Anm. 67
Fellner v. Feldegg, Heinrich Ritter v. 86
Ferdinand Maximilian, Erzherzog v. Österr. u. Kaiser v. Mexiko 14
Fernkorn, Anton Dominik Ritter v. 68
Ferstel, Heinrich v. 39f., 59, 62, 66, 68
Festetics, Marie 84
Fierlinger, Julius 22
Fischer & Meyer (Firma) 42
Fives & Lille (Firma) 26
Flattich, Wilhelm 39, 69
Förster, Emil Ritter v. 31, 68
Förster, Ludwig 38
Franck, Jules 93
Franz Joseph I., Kaiser v. Österreich 10, 13, 18f., 22, 41, 43, 65, 68, 81ff., 86, 88, 96f.
Frauberger, Heinrich 92
Freud, Sigmund 98
Friedländer, Friedrich 68
Friedländer, Max 85
Friedrich Wilhelm, deutscher Kronprinz 84

Gablenz, Ludwig Freiherr v. 78
Gagern, Max v. 50, 84
Geistinger, Marie 84
Geyling, Karl 40
Giani, Karl 66
Giani, Karl (Firma) 38
Gorčakov, Alexandr Michajlovič 43
Groß, Josef 32
Grünne, Karl Graf 88
Gunkel, Joseph 63

Haas & Söhne, Philipp (Firma) 14, 38, 55, 62, 66
Haas, Eduard Ritter v. 55, 66
Hämmerle, F. M. (Firma) 55
Hainisch, Michael 88
Hansen, Theophil v. 37, 39f., 68
Hardtmuth, L. & C. (Firma) 55
Harkort, Johann Kaspar (Firma) 21, 36
Harkort, Johann Kaspar 110
Hasenauer, Karl Freiherr v. 36, 37, 40, 62f., 68f., 84, 89
Hauer, Franz v. 72
Haydn, Joseph 85
Helfert, Baronin 74
Hellmer, Eduard 40
Hemming & Comp., Samuel C. (Firma) 70
Herbeck, Johann Ritter v. 85
Hinträger, Moritz 38
Hirsch, Julius 20, 23, 38, 72, 75, Anm. 67
Hoefler, Karl Adolf Constantin 75
Hoffmann, Freiherr v. 90
Hohenlohe-Schillingfürst, Fürst Constantin 86, Anm. 432
Holdaus, Karl 74
Hornbostel, Otto Anm. 40

Ibsen, Henrik 62
Isbary, Rudolf 89
Ismail Pascha, Khedive v. Ägypten 48, 90
Iwakura Tomomi 50

Joseph II., römischer Kaiser 34

Karl Ludwig, Erzherzog 19, 43f., 62, 90
Kien, Martin 70
Kleinoscheg, Anton 57

Kleinoscheg, Ludwig 57
Koch, Franz 40
Kolmer, Gustav 83
Kralik, Wilhelm 56
Krupp, Alfred 63
Krupp (Firma) 57
Kundmann, Karl 68
Küfferle, August Anm. 40
Kürnberger, Ferdinand 77

Lasser, Joseph v. 75
Laube, Heinrich 85
Laufberger, Ferdinand 36, 40, 68, 91
Lehmann, Adolph 30
Leitenberger, Friedrich Franz Josef Freiherr v. 63, 70
Leopold II., römischer Kaiser 11
Leopold I., König v. Belgien 43
Lichtenfels, Eduard Ritter v. 68
Liebig, Johann Freiherr v. 70
Lobkowitz, Fürst Moritz 57
Lobmeyr, Ludwig 56, 62ff., 66
Lobmeyr, J. & L. (Firma) 14, 38, 55, 61f., 66
Löhr, Moritz v. 68
Löwe, Robert 84

Maader, Karl 29
Mack, C. 23
Mack, E. 92
Manet, Eduard 67
Manner, Jacob Ritter v. 63
Matejko, Ián 68
Mautner & Sohn, Adolf Ignaz (Firma) 58
Melnitzky, Franz 68
Meyr's Neffe (Firma) 56
Migerka, Franz 23, 74
Migerka, Katharina 74
Millöcker, Karl 84
Minghetti, Marco 82
Morpurgo-Nilma, Ritter v. 49
Mosetig-Moorhof, Albert v. 33
Mozart, Wolfgang Amadeus 85

Napoleon III., Kaiser d. Franzosen 13
Nāsir-ad-Dīn 43f., 49, 80
Neumann, Franz Xaver 92
Nikolaus I., Fürst v. Montenegro 43

Nordmann, Johannes 93
Nüll, Eduard van der 35f.

Offermann, Karl Freiherr v. 63
Overbeck, Gustav Ritter v. 50, 63

Paxton, Joseph 13, 39
Pecht, Friedrich 40, 92
Pettenkofen, August v. 68
Piloty, Karl Theodor v. 62
Pilz, Vinzenz 40, 68
Pirchan, Emil 68
Play, Frédéric Le 23
Polak, Jacob Eduard 90
Pollak, Moritz Ritter v. 63
de Pretis-Cagnodo, Sisinio 18f.

Rainer, Erzherzog 19, 24, 44, 62, 65, 88, 91
Ranzoni, Gustav 68
Reitthofer, Moritz 63
Richter, Karl Thomas 64
Rodenberg, Julius 79
Rokitansky, Karl Freiherr v. 72
Romako, Anton 68
Rothschild, Nathaniel 47

Sacher, Eduard Anm. 432
Salviati, Anton 91
Scala, Artur v. 90
Schaeck-Jaquet & Co., C. (Firma) 27
Scharff, Anton 68
Schäffer, August 68
Schäffle, Albert 19, 22
Scherzer, Karl Ritter v. 93
Schilcher, Friedrich 32
Schmerling, Anton v. 84
Schmidl, Maximilian 49
Schmidt, Friedrich Freiherr v. 40, 66, 68
Schöller Comp. (Firma) 57
Schönn, Alois 68
Schreyer, Johann Christian 92
Schröer, Karl Julius 70
Schubert, Franz 85
Schumann, Karl 32
Schwarz-Senborn, Wilhelm Freiherr v. 19-24, 30, 35f., 44, 61, 67, 69, 75, 89, 92 − 95, Anm. 67
Schwarzenberg, Johann Adolf Fürst 59, 87

Schwarzenberg, Adolf Josef Fürst 59, 87
Schwegel, Joseph Ritter v. 46, 90
Schwender, Karl 84
Scott-Russel, John 36
Semper, Gottfried 39f., 65, 68f., Anm. 289
Siccardsburg, August Sicard v. 35f.
Siebold, Alexander v. 84
Siebold, Heinrich v. 84
Siemens & Halske (Firma) 54
Siemens, Werner v. 62
Sigl, Georg (Firma) 29, 56f.
Sina, Simon Freiherr v. 57
Skene, August 57, 63
Skene, Alfred 57
Sommerfeld, Wilhelm 94
Spitzer, Daniel 63
Springmühl, Ferdinand 93
Starck, Johann David Freiherr v. 58, 62
Stein, Lorenz 84
Steinacker, Edmund 93
Steiner, Maximilian 84
Stiaßny, Wilhelm Anm. 40
Stillfried-Ratenicz, Baron Raimund v. 93
Storck, Josef 36, 55
Strampfer, Friedrich 84
Strauß, Eduard 60
Strauß, Johann (Vater) 84f.
Strauß, Johann (Sohn) 60, 83, 85
Stremayr, Karl v. 72, 74

Thaa, Georg 23
Thonet, Joseph 62 f.
Thonet (Firma) 14, 55, 62
Tischler, Ludwig 32

Viktor Emmanuel II., König v. Italien 43, 82
Viktoria, Königin v. England 13
Visconti-Venosta, Emilio 82

Waagner, Robert Philipp v. 58f., 62
Wagner, Otto 38
Weissenfeld, G.S. 93
Weller, Franz 56
Wertheim (Firma) 14, 49, 56
Wertheim, Franz Freiherr v. 18, 22, 34, 56, 62, 75, Anm. 40
Wickenburg, Matthias Constantin Capello Graf v. 17, 37, 78

Wickenburg, Gräfin 74
Wielemans, Alexander v. 68
Wienerberger Ziegel- und Fabriksbaugesellschaft 59
Wilhelm I., deutscher Kaiser 43, 81

Zang, August 94
Zichy, Edmund Graf 66
Ziehrer, Karl Michael 60
Zimmermann, Robert 84
Zumbusch, Kaspar v. 68, 80, 84

Im Industrie-Ausstellungs-Rayon.

I. Zone: Zwischen dem Haupt-Eingange und dem Industrie-Palaste.

1. Amerik. Restauration v. Kune (Chicago).
2. Restauration d. Pilsner brgl. Bräuhauses.
3. Restauration d. Pilsner Act.-Bräuhauses.
4. Amerikanisches Schulhaus.
5. Spanische Restauration.
6. Französische Weinhalle.
7. Ung.Weinhaus u.Weinkost-Pav.(Czarda).
8. Pav. f. amerik. Getränke v. Böhm & Wiehl.
9. Rosshardt's Schweizer Buffet.
10. Pavillon der „Neuen freien Presse."
11. Portugiesisches Schulhaus.
12. Pav. f. Spielwerke u. Musikdosen v. Heller.
13. Liesinger Bierhalle.
14. Wechslerstube.
15. Pavillon des Ritter von Raffe.
16. Schwedische Restauration.
17. Norwegischer Pav. für Holzmaschinen-Arbeiten von Simonsen.
18. Pavillon des Prinzen von Monacco.
19. West-Wasserwerk f. d. Fontaine-Anlagen.
20. Buchhandlung.
21. Englischer Sodawasser-Pavillon.
22. Pav. der schwedischen Domäne Finspong.
23. Schwedisches Schulhaus.
24. Schwedische Armee-Ausstellung.
25. Schwedischer Jagd-Pavillon.
26. Kiosk der Société de la Vieille Montagne.
27. Gothisches Mausoleum v. Wasserburger.
28. Jury-Pavillon.
29. K. k. Directions-Gebäude.
30. K. k. Post-, Telegrafen- und Zollamt.
31. Kiosk der k. k. Südbahn-Gesellschaft.
32. Cement-Pavillon des Lissbauer.
33. Kaiser-Pavillon.
34. Transportables Wohnhaus von Kiew.
35. Glaswaaren-Pavillon von Stark.
36. Pavillon der Ersten Oester. Sparcassa.
37. Pavillon des Kindes.
38. Norwegischer Garten-Pavillon.
39. Französische Restauration der Frères Provençaux (Paris).
40. Pavillon des Baron Oldeswalder.
41. Italienische Lesehalle.
42. Italienische Restaur. von Biffi (Mailand).
43. Italienische Weinkosthalle.
44. Oesterreichische Eisen-Industrie.
45. Pavillon von österreich. Mineralwässern.
46. Pav. f. Tabak- u. Zigarren-Specialitäten.
47. Parquetten-Pav. d. Neuschloss aus Pest.
48. Cement-Pav. der Perlmooser Act -Fabrik.
49. Russische Restauration v. Engel (Petersburg).
50. Steyrischer Weinschank.
51. Pavillon des Sidoroff für Holzindustrie.
52. Rouleaux-Pavillon von Reimer.
53. Russisches Wohnhaus.
54. Schiffsmaschinen-Pav. d. österr. Lloyd.
55. Italienisches Buffet.
56. Musik-Pavillon.
57. Indianisches Zelt von Böhm und Wiehl.
58. Baugruppe von Sr. Hoheit des Vice-Königs von Egypten.
59. Blumenverkaufs-Pavillon.
60. Glas- und Palmenhaus von Waagner.
61. Marokkanische Villa im maurischen Style.
62. Japanesischer Garten, Bazar u. Tempel.
63. Garten-Ausstellung.
64. Türkische Restauration von Kryser.
65. Pavillon der k. k. Marine.
66. Leuchtthurm d. k. k. Triester See-Behörde.
67. Türkisches Badehaus.
68. Türkischer Bazar.
69. Türkisches Caffeehaus von Alberti.
70. Persische Villa.
71. Gowa's u. Delheid's Eisenbrücken-Modell.
72. Triester Restauration von Arnstein.
73. Eisenmöbel-Pav. von Quittner u. Herzog.
74. Holz-Obelisk mit Gyps-Verkleidung von Mittermann.
75. Gärtnerhaus.
76. Temporäre Ausstellung von Obstbäumen und exotischen Pflanzen.
77. Photographische Association.
78. Ballon captif.
79. Meierei u. Caffeehaus d. landw. Gesellsch.
80. Sanitäts-Gebäude.
81. K. k. Genie-Bauhof.
82. K. k. Militär-Barrake.

II. Zone: Oestlich des Industrie-Palastes.

1. Fontaine des Sultans Achmet des II.
2. Kunsthalle u. z.: 1. Portugal u. Spanien. 2. Sculptur von Frankreich, Schweiz, Belgien. 3. England. 4. Schweiz. 5. Holland. 6. Belgien. 7. Amerika, Griechenland. 8. Sculptur von Oesterreich u. Deutschland. 9. Ungarn. 10. Deutschland. 11. Oesterreich. 12. Sculptur Internationale. 13. Central-Saal. 14. Sculptur Oesterreich, Deutschland. 15. Frankreich.
3. Kunsthof.
4., 5. Kunstpavillons u. z. im nördlichen: 1. Frankreich. 2. Italien. 3. Mehrere andere Staaten. Im südlichen: 1. Deutschland. 2. Schweden, Norwegen, Dänemark. 3. Ungarn. 4. Russland. 5. Oesterreich.
6. Triumpfbogen aus Wiener Ziegeleien.
7. Russisches Bauernhaus.
8. Pavillon Steyermarks Waldbesitzer.
9. Pavillon für ungarische Forst-Producte.
10. Pumpenhaus.
11. Eiserne Kirche.

12. Schwedische Meierei.
13. Siebenbürger Sachsen-Bauernhaus.
14. Szekler Bauernhaus.
15. Rumänisches Bauernhaus.
16. Oesterreichisches Dorf-Schulhaus.
17. Turnhalle.
18. Pavillon für Glasgemälde.
19. Vorarlbergisches Bauernhaus.
20. Nordungarisches Bauernhaus.
21. Kroatisches Bauernhaus.
22. Musterstall sammt Einrichtung von Baron Pittel.
23. Polnisches Arbeiterhaus aus Beton von Borkowski.
24. Ostgalizisches Bauernhaus des Ritter von Młodecki.
25. Collectiv-Ausstellung der ostgalizischen Forst-Industrie.
26. Oberösterreichische Alpenhütte.
27. Oberösterreich. Gebirgs-Bauernhaus.

III. Zone: Zwischen dem Industrie-Palaste und der Maschinenhalle.

1. Amerik. Restaur. v. Jewett & Tracy N.-Y.
2. Uhl's Wiener Bäckerei.
3. Norwegisches Fischerhaus von Musoum.
4. Pav. f. eiserne Häuser v. Hemming & Co.
5. Pavillon von Aveling & Porter f. Strassen-Locomotiven und Dampfpflüge.
6. Wasserthurm.
7. Englisches Commissionshaus.
8. Westliche Agriculturhalle.
9. Hydrothermischer Motor.
10. Pavillon für schwedische Fischerei.
11. Monumentaler Bau aus Materiale der Greppiner-Werke b. Bitterfeld (Preussen).
12. Deutschlands Unterrichts-Pavillon.
13. Deutschlands Metall-Industrie-Pavillon.
14. Maximilian-Monument.
15. Pav. f. Berg- u. Hüttenwesen Deutschlands.
16. Pavillon von Krupp's Kanonengiesserei.
17. Schwechater Bierkosthalle von Dreher.
18. Collectiv-Ausstellung des Herzogs Sachsen-Coburg-Gotha.
19. Collectiv-Ausst. d. Fürsten Schwarzenberg.
20. St. Marxer Bier-Pavillon von Mauthner.
21. Musterstall von Wagner.
22. Curti's Obelisk aus Cement.
23. Kunststein u. Cement-Bau von Chailly.
24. Pavillon der Vordernberg-Köflacher Montan-Industrie.
25. Pavillon der Maschinenbau-Actien-Gesellschaft Danek in Prag.
26. Theer- u. Asphalt-Erzeugnisse von Bosch in Wien.
27. Zeltschirme von Reimer.
28. Innerberger Actien-Gesellschaft.
29. Buffet der Silberegger Actien-Brauerei.
30. Pavillon des Kärnthner Hüttenberger Montan-Vereins.
31. Pavillon von Steffen's Sägemaschinen.
32. Pavillon von Eisenbrooder Schiefer des Baron Joh. Liebieg & Comp.
33. Eisenbahnbrücke aus Stahl, aus Rothschild's Eisenwerke zu Witkowice.
34. Pavillon für Montan-Industrie, aus Rothschild's Eisenwerken zu Witkowice.
35. Pavillon von Gebrüder Paget (Wien).
36. Zerlegbares Haus von Schubert.
37. Eisenbahn-Modell ohne Locomotiv von Schubersky (Petersburg).
38. Pavillon der k. k. Staatsbahn.
39. Pavillon der Actien-Gesellschaft für Strassen- und Brückenbau.
40. Engl. Restauration v. Abel, Moser & Bosse.
41. Pavillon für Geschichte der Erfindungen und Frauenarbeiten.
42. Pavillon des Vereins für bergbauliche Interessen der nordwestlichen Böhmens.
43. Pavillon der Donau-Dampfschifffahrts-Gesellschaft für Schiffsmaschinen.
44. Bauernhaus von Elsass-Lothringen und Restauration von Back und Albert.
45. Pavillon des k. k. Ackerbau-Ministeriums.
46. Weinkosthalle aller Länder.
47. Oestliche Agriculturhalle.
48. Locomobilhalle.
49. Sacher's Restauration in der Krieau.
50. Waidhofens österr. Forst-Producte.
51. Pav. S. k. Hoheit des Erzherzogs Albrecht.
52. Krainer Forst-Industrie.
53. Collectiv-Ausstellung der Forst-Industrie des Attergaus (Ober-Oesterreich).

IV. Zone: Zwischen der Maschinenhalle und dem Central-Bahnhof.

1. Collectiv-Ausstellung von Keilfinger.
2. West-Wasserwerk für Hochdruckleitung.
3. Amerikanisches Kesselhaus.
4. Annex für Maschinen (Amerika).
5., 6. Englische Arbeiterhäuser.
7. Englisches Kesselhaus.
8. Englisches Arbeiterhaus.
9. Maschinen-Pavillon von Tomasi.
10. Wiener Buffet des Gruber u. Willvouseda.
11. Maschinen-Werkstätte und Kanzlei.
12. Schweizer Kesselhaus.
13. Belgisches Kesselhaus.
14. Pavillon für Welthandel.
15. Kesselhaus von Deutschland.
16. Annex für Ziegelei und Eisenmaschinen Deutschlands.
17. Oesterreichisches Kesselhaus.
18. Pavillon für Ventilation und Pumpen von Munk.
19. Pavillon der Nordbahn für Locomotiv- und Eisenbahn-Einrichtung.
20. Thonwaaren der chemischen Fabrik zu Aussig a/d. Elbe.
21. Pavillon der Nordwestbahn.
22. Ost-Wasserwerk und Reservoir.
23. Allgemeines Kisten-Dépôt.

Im Wurstel- oder Volksprater.

1. Absteigehalle vom Nordbahnhof und Caffeehaus.
2. Hühnerbrutmaschine von Braune und Tirsen.
3. Anatomisches Museum von Präuscher.
4. Mündstact's Hippodrom „Washington".
5. Königlich niederländischer Circus Carré.
6. Leb's Gasthaus zur Eisenbahn.
7. Lebende Seehunde.
8. Die ersten Lappländer Polar-Menschen von Emma Willhardt.
9. Schiess-Salon.
10. Schmidt's Affentheater.
11. Ringelspiel.
12. Schmidt's Hippodrom.
13. Gasthaus zur Elster von Victoria Nebosis.
14. Kunst- und Naturschönheiten-Salon der Cölestine Wodraschka.
15. Gallerie berühmter Männer der Alt- und Neuzeit von Brazzo.
16. St. Marxer Bierdépôt.
17. Milchschank.
18. Kratky-Baschik's Zauber-Salon.
19. Gasthaus zur schönen Sclavin von Trimmelhofer.
20. Wolfersberger's Bier-Salon zur weissen Rose.
21. Gasthaus zur Weintraube der Barbara Bartlme.
22. K. k. Sicherheitswachposten.
23. Henriette Löwe's neues Wiener Orpheum.
24. Hampel's Bildhauer-Atelier.
25. Zoologische Anstalt von Karwowski und Ceranke.
26. Dampfbad.
27. Pferdebahnhof Tramway.
28. Eberl's Restauration zur Maschinenhalle.
29. Stallungen der Pferdebahn Tramway.
30. Kaiserliches Jägerhaus.
31. Polizei-Direction und Feuerwehr für die Weltausstellung.
32. Restaur. zum grünen Jäger von Kreuleder.
33. Haller's Restauration zum goldenen Kegel.
34. Grosses Ringelspiel und Schiffshutsche von Rupprecht.
35. Hoffmann's Restauration zum Eisvogel.
36. Fürst's Volkstheater.
37. Der nordische Gebirgsriese und die junge schöne Lappländerin von Walter.
38. Ringelspiel.
39. Restauration zum goldenen Kreuz von Leberer.
40. Gasthaus zum wilden Mann von Hagenbucher.
41. Bier-Lager der Brauerei zu Klein-Schwechat von Dreher.
42. Svitoroch's Cosmorama.
43. Gasthaus z. lustigen Bauer v. Blecherl.
44. Schromm's Restauration zur schönen Wienerin.
45. Hutschen.
46. Gasthaus zur goldenen Krone von Denk.
47. Borowka's Restauration zum Paradiesgarten.
48. Ritter von Maurer's Villa.
49. Schmidt's Gasthaus zum Glückshafen.
50. Gasthaus zum eisernen Mann von Mislivec.

51. Caroussel von Burth.
52. Pigler's Gasthaus zur Waage.
53. Restauration zum stillen Zecher.
54. Restauration von Prohaska.
55. Restauration zum römischen Kaiser von Payer.
56. Schiess-Salon.
57. Akustischer Salon und Restauration von Adametz.
58. Hayder's Gasthaus zum weissen Engel.
59. Lachmayer's Velocipede-Fahrt und Restauration.
60. Rode's Gasthaus zum Maroccaner.
61. Restauration zur gold. Rose von Soffner.
62. Bier-Dépôt der Brunner Actien-Bräuerei und Restauration.
63. Eisenbahnfahrt u. Gasthaus zum schwarzen Rössel von Calafati.
64. Restauration zum Einsiedler von Schwab und Schindeleker.
65. Erste Wiener Velocipede-Halle v. Pitz.
66. Die weltberühmten Taucher.
67. Panzer's Restauration zu d. drei Tauben.
68. Restauration z. silbernen Bären v. Seidl.
69. Gasthaus zum Holländerschiff von Czerny.
70. Eiskeller, Depot und Ausschank der Liesinger Bierhalle.
71. Aquarium.
72. Restauration von Kaubek und Altinger.
73. Dangel's Restauration zum Blumenstock.
74. Elise Firon's mechanische Schiessstätte.
75. Museum von Kalmus.
76. Klinger's amerikan. Velocipede-Circus.
77. Mechanisches Caroussel, Luft-Schifffahrt und Gasthaus zum Walfisch von Pitz.
78. Gasthaus zur weissen Gans von Brenner.
79. Gasthaus zur blauen Donau v. Stammler.
80. Eyberger's Gasthaus zu den drei Lilien.
81. Caffee-Halle.
82. Zeiler's Restauration z. Weltausstellung.
83. Kirsch's Restauration z. weissen Ochsen.
84. Gasthaus z. englischen Reiter v. Baganz.
85. Rest. von Grandauer zum weissen Rössl.
86. Fiakerstand.
87. Kleber's Gasthaus zum Nussdörfl.
88. Kaspar's Restauration zum Herrnhuter.
89. Restauration zum Schweizerhaus von Diwischofsky (Pilsener Bier-Schank).
90. K. k. Sicherheitswachposten.
91. Amerikanische Trinkhalle von Benford.
92. I. Caffeehaus und Restauration v. Grund.
93. Latki's Restauration zum Schützen.
94. Gasthaus zum braunen Hirschen von Weichhart.
95. Amerikanische Trinkhalle von Brandeis.
96. Gasthaus zum schwarzen Thor von Klofatz.
97. Gasthaus zum Butterfass von Mallisch.
98. Eisenhut's Gasthaus zum schwarzen Bären u. Redactions-Bureau d. „Presse".
99. II. Caffeehaus und Restauration von Steblein.
100. Graf Waldstein's Privatgarten.
101. Zauber-Salon d. zweiköpfigen Nachtigall.
102. III. Kaffeehaus und Restauration von Hirschberger.
103. Sacher's Restaur. am Constantinhügel.

Legende zum Plan des Weltausstellungsgeländes und des Volkspraters 1873 (Vor- und Nachsatz).

Service mit „griechischer" Gravierung. Theophil v. Hansen

Seit der Weltausstellung London 1860 hat Lobmeyr sich mit richtungsweisenden Entwürfen für Trinkservice und Ziergegenstände in Glas sowie mit Beleuchtungskörpern an allen großen internationalen Welt- und Kunstgewerbeausstellungen erfolgreich beteiligt.

J. & L. LOBMEYR
Kärntner Straße 26, A-1015 Wien, Tel. 0222/512 05 08
Gegründet 1823

BÖHLAU

Jean Paul Bled

Franz Joseph

„Der letzte Monarch der alten Schule"

1988. 617 S., 8 S. SW-Abb.
Geb. m. SU
öS 476,—, DM 68,—
ISBN 3-205-05117-3

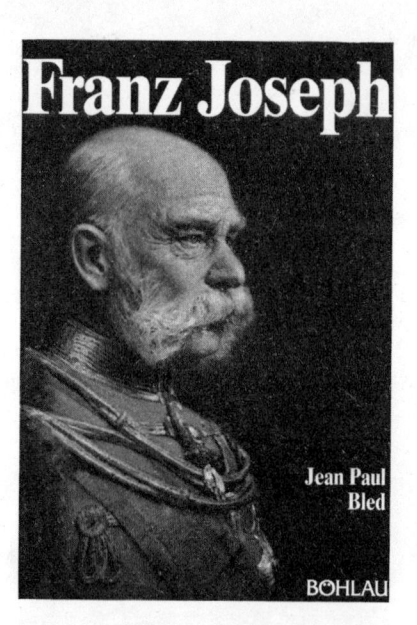

Pressestimmen:

Dem Autor kommt das Verdienst zu, daß sich eine Biographie von über 700 Seiten wie ein Bestseller liest... J. P. Bled legt geradezu eine Autopsie der Regentschaft vor, mit einer Fülle von Details, die niemals die Transparenz des reichhaltigen Textmaterials gefährden. *Le Soir*

Jean Paul Bled beherrscht sein Thema in bewundernswerter Weise. Zu einer Intimkenntnis des Kaisers kommt eine exakte Kenntnis der Hintergründe der Epoche. Diese Biographie ist schon jetzt ein unerläßliches Standardwerk. *Le Figaro*

Böhlau Verlag Ges. m. b. H. & Co. KG, Dr. Karl Lueger-Ring 12, A-1011 Wien
Böhlau Verlag GmbH & Cie, Niehler Straße 272–274, D-5000 Köln 60

BÖHLAU

BÖHLAU

Robert J. W. Evans

Das Werden der Habsburgermonarchie 1550–1700

Gesellschaft, Kultur, Institutionen

(Forschungen zur Geschichte des Donauraumes, Band 6)
1986. 472 Seiten. Ln.
ISBN 3-205-06389-9

„... das Bedeutendste, was zur Geschichte der Habsburgermonarchie in der frühen Neuzeit seit dem Zweiten Weltkrieg erschienen ist. Es ist überhaupt das erste Werk, das eine integrative Interpretation politischer, kultureller, sozialer, wirtschaftlicher und religiöser Phänomene in Mittel- und Osteuropa im 16. und 17. Jahrhundert versucht."

Univ.-Prof. Dr. Grete Klingenstein

Was das Buch darüber hinaus auszeichnet, sind die Einblicke, die der Autor in das weite Feld der Magie gibt, von der Alchemie bis hin zum volkstümlichen Zauber, von Teufelsaustreibungen bis zur gelehrten Beschäftigung mit den alten Mysterien.

Robert A. Kann

Geschichte des Habsburgerreiches 1526–1918

(Forschungen zur Geschichte des Donauraumes, Band 4)
Zweite Auflage 1982. 620 Seiten. Karten im Text. Brosch.
ISBN 3-205-07123-9

„... Eine vorzügliche Einführung in die geschichtliche Problematik der habsburgischen Monarchie..."

Neue Zürcher Zeitung

„... Man müßte dieses Buch als Pflichtlektüre für jeden ausweisen, der sich für Geschichte interessiert, ja, eine Pflichtlektüre für jeden, der sich für Österreich in einem sehr weiten Maße interessiert und sich damit beschäftigt."

ORF-Bücherbasar

David F. Good

Der wirtschaftliche Aufstieg des Habsburgerreiches 1750–1914

(Forschungen zur Geschichte des Donauraumes, Band 7)
1986. 290 Seiten. Zahlreiche Tabellen im Text. Ln. m. SU.
ISBN 3-205-06390-2

Dieses Buch ist eine Wirtschaftsgeschichte des Reiches in seinem letzten Jahrhundert, das zu der überraschenden Einsicht führt, daß seine Wirtschaft nicht scheiterte, sondern sich dem europaweiten Prozeß des modernen wirtschaftlichen Wachstums anschloß.

Böhlau Verlag Ges. m. b. H. & Co. KG, Dr. Karl Lueger-Ring 12, A-1011 Wien
Böhlau Verlag GmbH & Cie, Niehler Straße 272–274, D-5000 Köln 60

BÖHLAU

BÖHLAU

Karl Lechner

Die Babenberger
Markgrafen und Herzöge von Österreich 976–1246

(Veröffentlichungen des Instituts für Österreichische Geschichtsforschung, Band XXIII)
Dritte, durchgesehene Auflage 1985. 478 Seiten.
Zweiseitige Stammtafel. Brosch.
ISBN 3-205-00018-8

Das Standardwerk vom Aufstieg, Zenit und Untergang eines deutschen Fürstengeschlechts, das im Verlauf seiner mehr als 250jährigen Geschichte die Entwicklung der südöstlichen Grenzmark des Herzogtums Bayern zum Land Österreich entscheidend beeinflußt hat.
Es vermittelt neben politischen Fakten auch faszinierende Einblicke in die höfische und klösterliche Kultur des babenbergischen Österreichs.

Günther Hödl

Habsburg und Österreich 1273–1493
Gestalten und Gestalt des österreichischen Spätmittelalters

1988. Ca. 256 Seiten. 8 SW-Abbildungen. Geb.
ISBN 3-205-05056-8

Das Buch führt den Leser zurück zu den Wurzeln des heutigen Österreichs, indem es anschaulich das Werden dieses Landes im Mittelalter unter der habsburgischen Dynastie nachvollzieht. Ihre Staatsidee hat über zahlreiche Krisen hinweg Bestand gehabt und wurde 1945 wieder auf ihren Ausgangspunkt reduziert.

William M. Johnston

Österreichische Kultur- und Geistesgeschichte
Gesellschaft und Ideen im Donauraum 1848–1938

Mit einem Geleitwort von Friedrich Heer. Dritte Auflage 1984.
504 Seiten. Brosch.
ISBN 3-205-00017-X

So urteilt die Presse über dieses Buch:
„Es gibt Bücher, die schon dadurch bemerkenswert sind, daß sie geschrieben wurden. Dieses hier, eine Kultur- und Geistesgeschichte Österreichs seit der Mitte des vorigen Jahrhunderts, gehört dazu. Es ist nichts Geringeres als der Versuch, ein von den Weltuntergängen dieses Jahrhunderts nahezu verschüttetes kulturelles Wirkungsfeld von nachhaltiger Eindringlichkeit zu lokalisieren und zu vermessen."
Frankfurter Allgemeine Zeitung

Böhlau Verlag Ges. m. b. H. & Co. KG, Dr. Karl Lueger-Ring 12, A-1011 Wien
Böhlau Verlag GmbH & Cie, Niehler Straße 272–274, D-5000 Köln 60

BÖHLAU

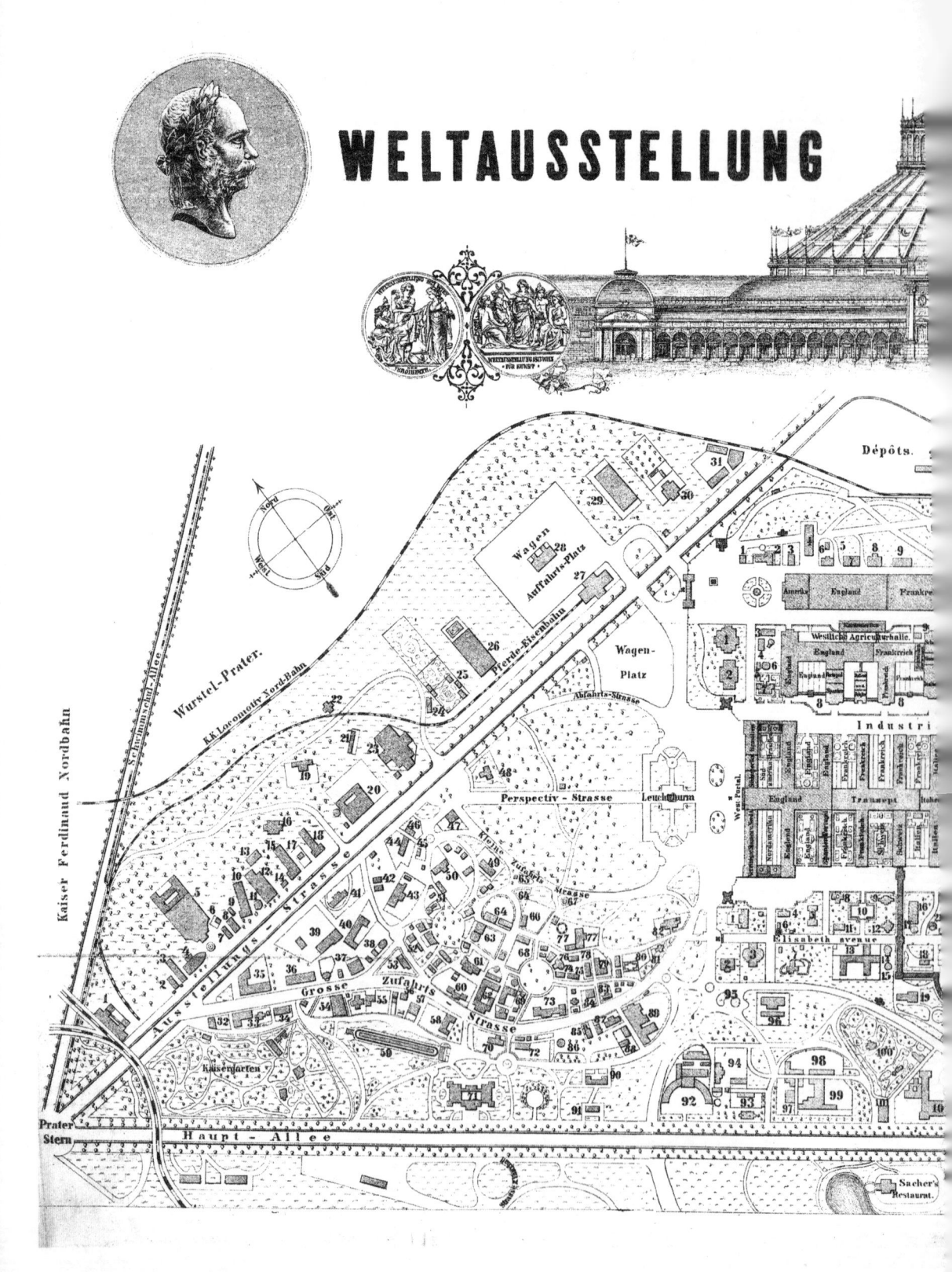

Plan des Weltausstellungsgeländes und des
Volkspraters 1873. Legende s. S. 136-139.